历史会给你答案

庄新飞 著

中国华侨出版社

图书在版编目（CIP）数据

历史会告诉你答案 / 庄新飞编著 . -- 北京：中国
华侨出版社 , 2016.1
ISBN 978-7-5113-5954-4

Ⅰ.①历… Ⅱ.①庄… Ⅲ.①成功心理—青年读物
Ⅳ.① B848.4-49
中国版本图书馆 CIP 数据核字 (2016) 第 024486 号

● 历史会告诉你答案

编　　著 / 庄新飞

责任编辑 / 文　喆

封面设计 / 三　石

经　　销 / 新华书店

开　　本 / 710 毫米 ×1000 毫米　1/16　印张 19　字数 246 千字

印　　刷 / 三河市金轩印务有限公司

版　　次 / 2016 年 5 月第 1 版　2016 年 5 月第 1 次印刷

书　　号 / ISBN 978-7-5113-5954-4

定　　价 / 36.00 元

中国华侨出版社　北京市朝阳区静安里 26 号通成达大厦 3 层　　邮编 100028
法律顾问：陈鹰律师事务所
编辑部：（010）64443056　　64443979
发行部：（010）64443051　　64439708
网　址：www.oveaschin.com
E-mail：oveaschin@sina.com

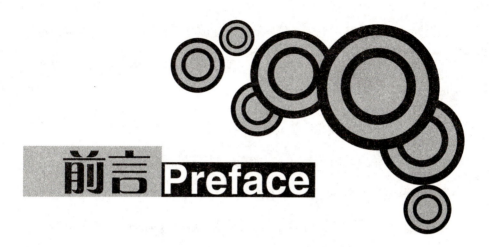

前言Preface

"以铜为鉴，可以正衣冠，以人为鉴，可以知得失，以史为鉴，可以知兴替。"古往今来，有多少成功都是因为吸取了历史的教训，从历史经验中取精华，转为自己的得胜法宝。

"以史为鉴"，一般都是从正面积极地告诫每一个人，不管是修身、齐家，还是治国、平天下，都应该吸取历史的经验和教训，更加准确地把握自己的航向，免得事倍功半，甚至误入歧途。

不管一个人多么聪明能干，条件多么好，如果不懂得如何做事、做人，那么也不一定会生活的幸福，获得成功。做人做事是一门艺术，也是一门学问。要想聪慧善达，除了聆听老师和长辈教诲外，更多的是从书中获得，从历史经验中学习。

在现实生活中，每一个人都渴望着成功，很多人付出了许多却一无所获，他们也努力，也勤劳，然而为何总是得不到相应的回报呢？这是值得每一个人思考的问题。

从表面上看，成功似乎很简单，只要做好充足的准备，在机遇来临之时精准把握，持之以恒，坚持不懈，就能抵达成功的彼岸。可为什么偏偏落得个一事无成的结局呢？静下心来，去挖掘问题的症结，就会发现，既有的经验教训是多么重要。

有的人活了数十载，依然做事不得其法，做人把握不好分寸；有的人年纪轻轻，初出茅庐，懵懂无知，只能在世间磕磕绊绊，碰的头破血流，才能够得到一些做人做事的经验，而很多错误都是可以避免的，很多岔路也不需要去走，因为历史就已经给了我们答案，前人的经验教训是后人最珍贵的财富。

韩信胯下受辱，被周围人耻笑，然而这些人不知道，如果当初韩信没有退一步，就不会有日后的成就。因此，别人眼中的你并非真正的你，不要因为别人的指指点点而放弃了自己要做的事。

渑池之会以后，蔺相如位在廉颇之上。廉颇很是不服，对蔺相如进行刁难，然而蔺相如并没有反击，而是宽容了他，廉颇明白了蔺相如以大局为重的苦心，负荆请罪，最终才有了将相和的千古美谈。人类是群居动物，在共同生活的环境中，我们每天都会遇见各种各样的人和事，若是想大家和谐相处，就必定要存有一颗"宽容"之心。

若你初入人世，前途迷茫，与人相处又处处受挫；若你跌跌撞撞几十年依然过不好这一生……不用怕，历史会告诉你答案！

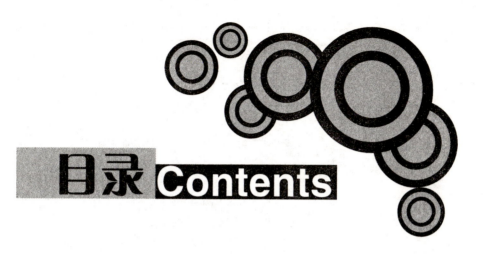

目录 Contents

第一章
人生切莫太执着拘泥

第一节　别人眼中的你并非真正的你

韩信在很小的时候，父母就双亡了，他依靠钓鱼还钱维持自己的生计，那时有一位靠漂洗丝棉的老妇人常常接济他，因而他时常遭到周围人的歧视和冷嘲热讽。有一次，韩信被一群纨绔子弟当众羞辱。一个屠夫对他说：虽然你长的很高大，也经常带刀佩剑的，但是你的胆子却很小。你如果有本事的话，就用你的佩剑来刺我？若是不敢，那就从我的裤裆下钻过去。韩信自知自己人单力薄，硬拼的话自己肯定是要吃亏的。因此，他当着围观者的面，从屠夫的裤裆下钻了过去。在场所有的人都讥讽韩信，认为他是个窝囊废。然而，韩信是真的胆小吗？并不是，这是他看清了局面的睿智表现。韩信后来自己也说，当时我并不是真的怕他，而是我并没有杀他的理由，若是真的杀了他，就不会有我的今天。

当我们在做某一件事时，常常都会有一个人在一旁指指点点，此时的你毋须去在乎他人的议论或者建议，你只需要把所有的精力都放在你眼前所要做的事上面即可。那些对你极其重要而你也对它有影响力的事情，便组成了人们常说的"成功圈"。

每个人都可以列出很多这样的圆圈，但是有三个最基本的圆圈是我们要首先想到的：能力、才华和期望。

才华。这是每个人的特殊能力。也许你在数学方面很拿手，也很擅长自然科学，然而却对英语无能为力；也许你的朋友喜爱文学并工于写作，但是一面对即使很简单的生物课就很为难。若是你在某一方面能够左右逢源，那就说明在这个领域中你有属于你的才华。如果你想在这个方面做的更加优秀，那么你需要的就不再只是技能了，还需要有相信自己才华的良好心态。往往这种心态就是通向你成功之路的"万能之匙"。

著名作家杨新华曾为我们诉说了这样一个故事：有一个妈妈，第一次参加孩子的家长会。幼儿园的老师对她说："你儿子患有多动症，他在凳子上坐不了三分钟，建议您最好带他去看看医生。"回家路上，儿子问："老师跟妈妈说了什么？"妈妈心头一酸，眼泪差点止不住地流，因为全班三十多个小朋友，只有自己儿子的表现最差；对于他，老师是不屑一顾的态度。然而她还是告诉儿子："你不用在意别人说了什么，我只知道我的儿子是班上最安静的孩子，其他的孩子都要向他学习。"

那天晚上，儿子突破以往的记录吃了两碗米饭，而且还没有让她喂。

儿子上了小学之后，在一次家长会上，老师对她说："全班五十名学生，你儿子在这次数学考试上排了第四十名，我们怀疑他智力有问题，建议您还是带他去医院做个检查。"

回去时，妈妈流下了伤心的泪水，但是，在她回家之后，在餐桌前她对儿子说："老师说你很棒，而且在数学方面也很有才华，只要再细心一些，就可以超越你同桌，这次你同桌排名第二十一名。"话到此处，她看到了儿子原本黯淡的眼光刹那恢复了神采，一脸的沮丧也变得舒展开来。甚至她还发现，儿子的温顺令她惊讶，仿佛瞬间长大了很多。第二天上学时，他比平时去的要早很多。

儿子上初中了，又一次的家长会，她坐在儿子的位置上，等待着即将到来的点名，因为按照惯例，每次的家长会，儿子的名字都会出现在差等生的队伍之中。可是，出乎她意料的是，直到家长会结束，她都没有听到儿子的名字，她感觉有些不习惯。离开时，她去问老师，老师告诉她说："照你儿子现在的成绩，重点高中很危险。"

她满怀惊喜地走出校门，同时，她也发现儿子正等着她。路上，她揽着儿子的肩膀，心里有一种无法言语的喜悦，她对儿子说："班主任说你很有才华，只要你努力，考重点高中不是问题。"

高中毕业。第一批大学录取通知书下达时，她接到学校打来的电话。她有预感，儿子被清华录取了，因为在报考时，她对儿子说过，她相信，凭着儿子的才华肯定能考取这所学校。

儿子从学校回到家，将一封印有清华大学招生办公章的快递交到她手里后，转身跑到了自己的房间放声大哭，边哭边说："妈妈，我知道我不聪明，只有你相信我是有才华的……"

杨新华的这篇文章中，"儿子"不在乎别人的看法，他只相信母亲，相信自己如母亲所言，自己是有才华的，因此他从一个差等生变成了清华学子。朋友，相信自己的才华吧，因为它是最为重要的一个"成功圈"！

能力。一位先哲曾说过："一个等待别人搭梯子的人，除了失望，剩下的就只有绝望；真正的搭梯者永远只有你自己，你的头脑、手脚和能力！"能力是一种"我能做到"的观念，这种观念可以让你做事变得异常有动力，因为你相信自己一定能做到。要相信自己能够规划、创造并控制自己的人生。从小事开始，譬如，参加一些课外活动抑或做一名救生员来证明自己的能力；也可以每天做一个小时的钟点工。从简单开始，循序渐进地挑战自己做一些更加困难的事，比如说参加绘画训练班或者坚持每天记日记。一个小目标实现之后，就可以为更大的目标而努力奋斗，向自己和别人证明自己能够控制自己的人生——证明自己是有能力的。

期望。期望可以来自朋友、父母，也可以来自自身。它是亲人、朋友对自己的表达，若是自己对自己或别人对自己没抱任何的期望，那么你将注定与成功无缘。

我们来举个例子：你的父母经常表扬你的哥哥成绩好，他们对他抱有"望子成龙"的期望。而你哥哥确实学习很好，在父母的表扬和期望下，他以全部满分的成绩成为班级第一。自己的能力，加之父母的期望和表扬，使他在学习上获得了成功。但是，同样的由于这些原因，你的父母对你没有表现出同样的期待，他们从未表扬过你。实际上，与你哥哥比较，他们仿佛完全将你忽略了。很明显，他们并不期望你做得有多好。你觉得你哥哥吸引了他们全部的注意力。你认为自己只要及格就好，所以每次的考试你都只要求及格，尽可能地不去引起他们的注意，希望别人忽略自己。因为若是不及格会令父母难过，因此你的成绩大都是 60 分，偶尔会有几个 70 分。你让自己满足他们平凡的期望。这是一个自我检验的预言。你开始接受了关于自己的所有负面信息，降低了自我期望，即使你完全有能力做到更好，但是你却依然满足于那些最低期望。然而，又有谁会知道呢？也许你会比你的哥哥更有学习的天赋，但是你认同了你父母的观点，你就永远不会验证。因此，归根究底，不去在意别人包括父母的错误评价，画好只属于自己的那三个才华、能力、期望的成功圈。

高喊"不要告诉我我做不到！"

面对别人错误的评判，有的人会大喊："别跟我说我做不到！"对于他们而言，这话仿佛就是给他们的引擎加了高级燃料一样。

16岁的佛瑞，在暑假即将到来的时候，对爸爸说："爸爸，这个夏天我不想总向你要钱，我要找一份工作。"爸爸很是震惊，平静之后他对佛瑞说："哦，我亲爱的的佛瑞，你现在根本没有能力，是没法找到工作的，当然，我会想尽办法为你找找看的，但是我想可能不是很容易。"

"不，爸爸，我想你没明白我的意思，我不是想让您帮我找工作，而是我自己找。还有就是，请不要告诉我我做不到，虽然工作现在是很难找，但是有些人总是能找到的。"

"哦？你指的是哪些人？"爸爸表示很怀疑。

"就像我这样的，会动脑子的人。所以，请您相信我，我一定能做到。"

佛瑞在一个名叫"事求人"的广告栏上仔细地搜寻着，终于找到了一个与他专长对口的工作，广告上说面试者要在翌日的早上8点去一个叫作42街的地方。佛瑞并没真的等到8点，而是在7点45分的时候就到达了目的地，当他看到已有20个男孩在那排队时，他很沮丧地成为了第21名。

要如何才能吸引考官的注意，认为自己是特别的，从而成功脱颖而出呢？

佛瑞对自己说道："我能做到！"于是，他进入了那令人痛苦而又快乐的天地——思考。静下心认真思考，总会想到办法的，佛瑞最终想出了一个办法。他拿出了一张纸，并在上面写了些东西，然后折叠整齐，向秘书小姐走去，谦恭地对其说："小姐，麻烦您立刻将这张纸条交到你的老板那里，这个东西很重要。"

秘书小姐毕竟是经验丰富的，若是佛瑞只是一个普普通通的男孩，她肯定会对他说："行了吧，小伙子，赶紧回到属于你的21号位子上等着吧。"但是佛瑞身上散发出的那股自信的气质，让秘书小姐相信他不普通，因此，她收下了那张纸条。

"好的！"她说道，"让我先看看这张纸条。"看完之后，她不禁莞尔，然后站了起来，向老板办公室走去，将纸条放在了老板的桌上。老板看完之后也不禁放声大笑，只因纸条上明目张胆地写着："先生，我是队伍中的第21位，在您看见我之前，请不要做决定。"

佛瑞最后到底有没有得到工作呢？当然！因为他没有被父亲错误的评价所左右，大声喊出了："不要告诉我我做不到！"

生活中，我们总会遇到像佛瑞找工作一样充满挑战的事情，从小的时候第一次自己穿衣服开始，到长大后自己的工作、婚姻，我们都可以像佛瑞那样高喊："不要告诉我我做不到！"它是自我激励的一句话。然而，可还有其他的方法供我们自我激励？当然，我们可以从以下几个方面着手：

欣赏自己的成功。可以找出半年之内的一次或几次自己所做过的成功的事情，比如说考试得了高分、独立完成了一份难度很高的作业、积极回答了老师的问题、热情参与学校课外活动、交了很多新朋友、解决生活中所遇到的困难、完成了他人的委托、成功应付了紧急情况、完满地组织了一次集体活动等等，细细体味凭着自己的努力，克服障碍后获得的圆满结果时的快乐感受。最好是用文字将其记录下来，将当时的体验详述下来，好好保存，常常翻开看看，加强体验，进行自我激励。

正视自己的进步。可以在笔记本上写下自己所诠释的社会角色，儿子、女儿、兄弟或者姐弟、普通学生抑或班干部、同学、同桌、朋友、邻居、亲戚、社团成员、党团成员、消费者、业余爱好者等等，对这些角色进行分析，哪些是新近出现还没扮演过的，哪一些又是一直在饰演着或是曾经饰演过的。然后，对自己的每一个社会角色进行评价，按照一到五分的标准，即非常不满意、不满意、无所谓、满意和非常满意。特别要注意哪些是比之前做得更好的方面，同时进行总结，以此来了解自己各个方面的进步与发展，肯定自己正在向着更加成熟、充实的方向前进着。

学会欣赏自己的优点。通过自我观察与分析，或通过自我心里评定，来找出自己在品德、气质、性格、能力、情绪、意志以及动机方面的优点和良好的表现。将之以文字记录，思考如何让这些优点更加稳固，表现更加充分，如何避开或减低缺点。之后便经常阅读这些文字，不但可以坚定自己的自信，还能在与现状的对比中看到自己进步的步伐。

肯定自己的历史。回忆自己的童年经历，找出其中比较出色的方面，譬如学习、游戏、劳动、课外活动、交友、在家里的表现和在集体活动中凸显的作用等待，将这些和曾经所得到的奖励统统记录下来，在回忆过去的同时，肯定自己之前就已表现出来的良好素质。也许是因为环境的改变，让自己曾经突出的优点或能力变得相对减弱，然而，要坚信它们的绝对水准并没有下降，仍然可以是自己赖以生存和发展的坚实基础和有待挖掘的潜在资源。因而，你就不会因为眼前的困难处境而否认自己的一切，你回顾一下过去，想一想，就能意识到自己的一些优点。

第二节　得饶人处且饶人

　　渑池会结束之后，蔺相如因为功劳颇大而被封为上卿，位在廉颇之上。

　　廉颇很是不服："身为赵国的将军，我有攻城野战的大功，他蔺相如只不过是靠一张嘴巴立了一点小功，凭什么他的地位却能在我之上，更何况蔺相如他只是个平民，这让我不服，在他下面我无法忍受。"同时他还扬言道，"若我遇见蔺相如，必辱之。"蔺相如闻言，便避之不见。每逢上朝，便推说自己抱病，不愿同廉颇去争位次的高低。过了不久，相如外出，远远看到廉颇，调转车子就走了。

　　因此，蔺相如的门客们便一起进谏说："我们之所以离开自己的亲人前来投奔您，是因为仰慕您高尚的节操。如今，您与廉颇官位相当，他对您口出恶言，您却只是一味的地害怕躲避，这样会不会太过怯懦了，庸人尚会感到羞耻，更何况是身为将相的人呢！我们这些人都没什么出息，还请允许我们告辞！"蔺相如坚持出言挽留："诸位认为，廉颇将军和秦王相比，哪个更厉害？"门客答曰："廉颇将军比不上秦王。"相如又说，"那么以秦王的威势，我尚且敢在朝堂上呵斥于他，羞辱他的臣子，我蔺相如虽然无能，却也不怕他廉颇将军！但是我想到的是，强大的秦国之所以不敢攻打我们赵国，就是因为有我和廉颇将军在，如今若是两虎相斗，必有一伤。我之所以这样忍让，是因为我把国家的存亡放在了前面，而将我个人的私怨放在了后面。"

廉颇听说了这些话，就脱下了衣服，背负荆棘枝，在宾客的带引下，来到蔺相如的门前，为之前自己所说的话感到羞愧。他说："我是个粗野莽夫，将军您却能如此的宽容！"二人终于握手言和，重修旧好，成为肝胆相照的挚友。

人类是群居动物，在共同生活的环境中，我们每天都会遇见各种各样的人和事，若是想大家和谐共处，就必定要存有一颗"宽容"之心。

每个人都有自己的个性和特点，但是却都有共同存在的价值，也都有改善人类生活的能力。因此，我们不能以自己的标准来衡量一切，凡事都应站在他人的立场思考，尊重他人存在的价值，彼此友好相处。只有这样，我们共同生活的空间才会越来越大，成就才会越来越大。

宽容是以宽阔的胸襟去接纳他人，原谅他人所犯的过错。人们常常对于自己所犯的过错尤不自觉，却能轻易揪住别人的小小过失，加以指责，这些都是缺乏宽容的表现。实际上，揭发他人的错失并加以指责，不仅难以达到劝人改过的效果，还会让彼此相互厌恶。

因此，每个人都应培养宽容的胸襟，彼此接纳、体谅，不一意孤行。若是每个人都能做到这一点，那么人与人之间的相处就能更加融睦，人与人之间的羁绊就越来越深，事业和生活也会更加顺心。

每个人都曾包容或被包容过，每当我们宽恕了别人之后，就会感觉很轻松，每当被人宽容时，我们就会心生感激之情。宽容和被宽容，说起来简单，但做起来却很艰难。心胸要调适，宽容也需要培养。

我们在培养宽容的胸襟时，首先要培养坦诚的心胸。因为唯有坦诚的心胸方能产生宽容之态度。坦诚的心胸是我们观察人和事的前提和基础。

因而，在有了坦诚的心胸之后，就自然而然地明白了每个人的优点、价值以及存在的意义，从而发现世上并没有无用或者必须要排除的人和事。

人与人之间的相处，若总是斤斤计较，就会引起对立、纠纷、猜忌、误会、排挤等不睦的关系。想要减少这些不睦关系的最佳方法，便是培养坦诚的心理。

常常能听到有人说："对于朋友，我没有对不起谁的时候，都是他们对不起我。"用挑剔的视角去看待他人，只能把自己逼入孤立的境地。如果是奉献，肯定会有人不赞同，但是如果学会了宽容，自己必将会获益匪浅。

人生活在社会中，避免不了与各种各样的人打交道，也避免不了这样或那样的矛盾或冲突。遇到这样的事情，切不可将矛盾激化，因为人与人之间的斗争，只会使两改俱伤，而对解决问题没有丝毫的好处。最佳的途径便是得饶人处且饶人，学会宽容，主动大事化小小事化了，生活就会变得更加美好。

在充分了解自己的基础上，为自己确立一个符合自己实际能力的目标，做不到的不苛求。其实，个人的期望独立于周围人的期望，自我意识的独立性越强，其所遭遇的冲突也就越少。对于青少年而言，必须要明确自己的期望是什么，以及这种期望的来源是来自自身的能力和需求，同时还要从满足他人的期望出发。只有这样，才能真正的看清自己、规划自己地未来，建立最终独立的自我。所以，宽容自己、宽容他人吧，只要不是原则的问题，就不要太过在意，心平气和，才能获得更多的友情和关爱，时刻牢记：得饶人处且饶人！

第三节　塞翁失马，焉知非福

　　临近边塞的一带，有一个很擅于术数的人，一次，他的马无端地跑到了胡人的领地。周围的乡亲都来安慰他。这个人却说："这何尝不是一件好事呢？"几个月后，他的马带着胡人的好马回来了。人们都来道贺。他却说："这也许就是一件坏事呢？"他家里养了很多好马，他的儿子很喜欢骑马，一次骑马时从马上摔下来，大腿骨折断了。人们又来安慰他。而他又说："这怎么就不能说是好事呢？"一年之后，胡人大肆入侵边塞一带，年轻力壮的男子都拿起了武器上了战场。而靠近边塞的壮年男子大部分都战死沙场。唯有他儿子因为断腿的缘故，没有被拉去服役，父子俩都得以保全。

　　一位名叫冯月的女高中生说："中考过后，我没能考上重点高中，家里给钱上了一所离家很远的普通高中，我有充足的信心，认为自己能够学好，离家远也免去父母的麻烦，然而，我发现我错了。高压的学习环境让我几乎崩溃，上课总感觉有东西在我耳边鸣叫，从来都没有认真地听过一节课。期中考试的成绩公布后，我竟然是倒数第五名！这犹如当头一棒，我的眼前一阵发黑，因此我变得更加的沉默，一想到前途，我就心酸，我不知道该如何是好……"

初出茅庐的青少年，涉世未深，而以往的成长环境也总是顺风顺水，很少逆境的他们自然就很少感受到挫折，大多数的学生都没有经历过人生的大起大落，生活阅历太少，对可能遇到的挫折缺乏必要的心理准备在所难免，因此对挫折的承受能力和抗压力就相对比较薄弱。冯月的案子就明显地说明了这一现象。其实，考试失败是青少年常事，他们会因此而痛苦、心情低落、焦虑和紧张，有这些情绪反应也实属正常，但如果长期陷入这样消极的情绪不可自拔，甚至从此一蹶不振自暴自弃，就会对正常的生活、人际交往和学习产生不好的影响，严重的可能会因此造成情绪障碍和身心疾病。此时就要靠自己调节，化解挫折。

要化解挫折，首先要知道何为挫折。所谓挫折，就是人们在某种动机的推动下，在实现目标的历程中，遇到了不能克服或自己以为不能克服的干扰或障碍，使得其目标不能实现，需求不能满足，从而产生的焦虑状态和情绪反应。就像冯月在考试失败后产生了焦虑、挫败、懊悔等情绪的反应一样。

生活中，我们每个人都会不断地产生各种需求，包括生理和社会需求。就像人体缺乏水分时就会感到口渴，从而产生对水的需求；人在缺少朋友时就会感到寂寞，从而产生交往的需求等。需求是人生活的动力和泉源，在需求的鼓动下，人们就会产生动机，引导人们付诸行动，指向一定的目标并努力实现它。动机是人行为的直接驱动器，人类社会生活的实践表明，只要人还存在着，就会产生种种的需求，也就会因为需求无法满足而产生挫折。对每个人而言，挫折的产生是必然的，也是普遍存在的，从另一个角度讲，挫折也是人类社会生活的一个组成部分，人们随时随地都能遇见挫折。因而挫折犹如人生的伴侣，认识它、适应它，学会理性地对待它和积极化解它，是我们每个人的人生课题。

那么，要如何具体地化解挫折呢?

离开舒适区。家是我们温暖的避风港，同时也是弱化我们斗志的地方。我们要不断地寻找挑战激励自己，而不能一味地躺倒在舒适区，舒适区只是避风港，而不是安乐窝。它是我们迎接下次挑战之前放松和恢复的地方。

调高目标。很多人都会有个惊奇的发现，那就是他们之所以达不到自己梦寐以求的目标，是因为他们的目标太小，而且无法辨别，自己就会从而失去了动力。要是你的主要目标都不能激发你的斗志，那么实现之期更是遥不可及。因此真正能激发自己奋发向上、化解挫折的方法是确立一个具体而宏伟的目标。

与乐观的人为伴。我们要懂得与不支持自己的"朋友"保持距离。一个人所交往的朋友会影响他原先的生活，若是与愤世嫉俗的人交好，你就会变得堕落；结交那些希望成功和快乐的人，你就会在追求快乐和成功的道路上迈出关键的一步，进而对生活充满热忱。因此，与乐观的人为伴，能使自己看到不一样的人生，从而对化解挫折更加有信心。

适时调整计划。实现目标的道路绝对不是康庄大道。它总是曲折而充满风浪的，有起有落。但是可以在自己的计划中适当地调整，找出能让自己放松、恢复元气的时间点。即便是现在的状很好，也要做好调整激化，这方是避开挫折、化解挫折的有效之举。

一个人成熟与各的重要标志，便是能否客观而理性地对待挫折和采取积极主动的态度去适应和化解挫折。

第四节　不以物喜，不以己悲

曹操在进退维谷的时候，恰逢厨师向他进献鸡汤。曹操看见碗中有鸡肋，便心有所感。正在沉吟中，夏侯淳进入了帐中，询问夜间行动的口令。曹操随口就说道："鸡肋！鸡肋！"夏侯淳将此口令传给众官兵，都说"鸡肋"。行军主簿杨修看见口令是"鸡肋"二字，就让随行的军士收拾其行装，准备回程。有人将此事报告给夏侯淳，夏侯淳很吃惊，于是就请杨修到帐中询问："您为何要收拾行装啊？"杨修答道："从今天晚上的口令便知道了魏王不久就会退兵：鸡肋，吃起来没什么味道，但是扔掉又觉可惜。现在进攻肯定不能胜利，退兵的话会令人耻笑，在这里也没好处，还不如早点回去。日后魏王必定会班师回去。因此我们先收拾好行装，免得到时措手不及。"后来杨修也因此被曹操处死。

情绪对人有着很大的影响，有的时候甚至会影响到我们的命运，因此我们不能怀着不好的情绪去面对我们的世界，将那些消极的、不愉快的情绪丢弃，用积极的情绪去重新面对可爱而美丽的世界。努力达到不以物喜，不以己悲的境界。

那么，要如何方能获得良好的情绪呢？

转换认知角度。情绪是由人的认知决定的，有句名言说："人受困扰，不是因为发生的事实，而是对于事实的观念。"现实生活中，人们的许多情绪困扰都并非是由事件直接诱发引起的，而是由经历者对事件的非理性的认知和评价所决定的。比如说，有的人在遇到一些不遂心的事情时，就会以偏概全，或是将事情想的糟糕至极，过分地的夸大。因此要主动地调整自己认知，换个角度去重新看待，改正认识上的偏差，这样就可以减弱或消除不良的情绪。举例说，当我们被小偷偷了钱包之后，都会很愤怒，一味的咒骂发泄是解决不了问题的，这还是换个角度想：这何尝不是破财消灾？这就是自觉地、积极地转换角度思考，以消除不良情绪。

学会调控希望值。就是对人、对事不要过多的苛求，期望值不要过高。期望是情绪和情感产生的基石，期望越强烈，情绪和情感的波动就会越大。现实的生活环境，对自己、对他人、对事物都会抱有很高的期望值，这样势必会在期望难以满足的情况下产生不良的情绪。所以，要在适当的范围内学会知足，对自身的目标切勿定的太高，对人、事、物都切莫要求尽善尽美，如此才不会因为无法满足而心生烦恼。

进行合理的宣泄。在情绪压抑的情况下，我们应学会合理的发泄，这样才能调节我们机体的平衡，缓解因不良情绪产生的困扰，从而恢复正常的情绪状态。若是遇到挫折或不顺，心情苦闷时，不妨痛快地大哭一场，或是找亲朋好友大肆倾诉，也可以用记日记的方式宣泄不快，还可以找心理咨询顾问等。发泄、倾诉对排解内心的紊乱、压抑、焦躁等有良好的效用，但是要注意适度原则，也要分场合和对象，不然就会有不良的副作用。比如说，若是在大庭广众之下放声大哭，或是无论见谁就大哭大闹，都不可能产生好的结果。

转移注意力。当情绪不稳时，可以通过转移注意力，以此让内心得以平静。可以外出散步、聆听轻音乐、打球、找朋友玩乐、读轻松的小说、看电影等，千万不要钻牛角尖，将自己沉浸在不良的情绪中无法自拔。

增强自信心。学会对自己说："悦纳自己，不自怜、不自责、不自卑。要全面而充分地认识自己。"对自己作出正确的评价，善于发现自己的优点，肯定自己的优势和成绩，注意自我勉励。充足的自信是保持心情愉快的重要保障。

学会幽默。有时，好的幽默可以为我们的精神消毒，也是消除不良情绪的有效途径。当你遇到一些无关大局的不良刺激的时候，要尽量使自己不要陷入被动或激动的状态，最好能以超然的态度去应对。此时若是有一句幽默的话语，就会让你摆脱困窘，让愤怒、不安的情绪远离你。切莫针尖麦芒地锱铢必较，将矛盾激化。幽默是成熟和智慧的标志，学会幽默，乐观地面对生活，才能使自己立于快乐之境，成为真正的强者。调适情绪、情感的方法有很多，每个人应结合自身的实际情况挑选适用的方法。假如情绪、情感的困扰很严重，可以试着去寻求心理咨询或治疗。总而言之，切勿对自己的不良情绪太过在意，要积极的地面对人生，掌控自己的命运才是王道。

第五节　切莫囿于眼下困境

袁军首战失利，但是在兵力方面仍有优势。七月，他们向阳武（今河南中牟北）进军，准备攻下许昌。八月，袁军主力靠近官渡，依着沙堆安营扎寨，东西宽数十里左右，曹操也驻扎此地与袁军对峙。九月，曹军一度进攻，与袁军交战，因失败而退回营地。

袁绍建造了楼橹，堆土如山，向曹营发射弓箭。曹军做了一种抛石装置的霹雳车，用发石砸毁了袁军的楼橹。袁军又在地下挖掘地道进行攻击，曹军也在营内挖掘长堑来抵抗，袁军的计策被粉碎。双方对峙了三个月，曹操处于困境，前方缺兵少粮，士兵们都很疲累，后方也不稳固，曹操都要失去坚守的信心了，一天，他看见运粮的士兵疲于奔命，很不忍心，不禁说道："我定用十五天的时间击败袁绍，再也不让你们受累了！"

于是，曹操给荀彧写信，商讨退守许都，荀彧回信说道："袁绍的主力军都在官渡，誓要与您一决胜负。您可以以弱当强，若不能将其打败，定会被他所制，这是决定天下大势的关键。当年的楚、

021

汉在荥阳、成皋时，刘邦和项羽都没有肯先退一步，因为先退就代表屈服。现在您要以一当十，誓死坚守而不能让袁绍前进一步，已经有半年时间了。现在情势已经明朗了，我们没有回旋的余地，不久就要发生重大的转变。这正是出奇制胜的绝佳时机，切不可错失良机。"于是曹操便决心继续坚守等待时机……终于取得了胜利。

汉语中，"困境"一词是由另外两个词语组成：困难和境遇，因此困境就是困难和境遇相结合的结果。通过对生活细致观察，我们古代的先哲志士已然认识和体验到困境的真正内涵是等待时机，这和西方观念中的"当上帝关上了一扇门时，他也会为你打开一扇窗"有异曲同工之妙。

人类有几种本性，是除非遭遇重大打击和刺激，永远都不会显示出来，也永不会爆发的。这种力量深藏在人体内的最深处，不是一般的刺激就能激发的，但是每当人们受到凌辱、讥讽或欺侮之后，就会爆发出一种新的力量，以至做到之前不可能做到的事。

艰难的处境、失望的情形或贫困的状况，在历史上造就了很多的伟人。假如拿破仑在年轻时没有遭遇绝望、窘迫，那么他就不会如此多谋而刚勇。巨大的危机和事变，往往是造就伟人的奠基石。

一个成功的人，在他的一生中，所获得的每一个成功，都是他与艰难苦斗的产物，因此，对那些不费丝毫力气就得来的成功，反而有不珍惜的感觉。在他看来，克服障碍和缺陷，从奋斗中得到的成功，才能令人喜悦。这样的人喜欢做艰难的事，因为艰难的事情可以验证他的力量，考验他的才能；他不喜欢做太过容易的事情，因为不费吹灰之力的事情，无法赐予他振奋精神、发挥才干的机会。

绝望境地的奋斗，最是能激发人潜伏着的内在能量，若是没有这样的奋斗，就永远不会发现自己的这种力量。一个人若是在舒适安逸的环境中，就不会知道自己要多努力，更不会知道自己需要奋斗。

当今世界，数不清的人就将自己的成就归功于缺陷和障碍。若是没有这些缺陷和障碍的刺激，他们可能就只挖掘出自己 25% 的能量，然而，一旦遇到重大的刺激，他们就会激发出那剩余的 75%。

当一个人被巨大的压力、非常的变故以及重大的责任压住时，潜伏在他内心深处的各种力量，才会突然爆发出来，让他能够勇往直前地干出一番大事。

历史上这样的案例不胜枚举。为了弥补身体的缺陷，很多人都注重提升自身的品格，因此而造就伟大事业。一些相貌平凡，甚至长相丑陋的女子，通常能在事业或学业上进行奋斗，做出一番大事，其实这也可以看成是她们对长相缺陷的一种弥补。

过去的已经过去，然而，对于某些人来说却说苦乐参半的，过去可能是他们的辛酸失望史，所以在回顾过去时，他们总是会觉得自己是碌碌无为，是一个失败者。也许他们是在衷心希望成功的事情上失败了，也许他们至亲至爱的人离他远去，也许是失去考大学的机会，也许是因为种种原因而无法维系家庭。在他们看来，自己的前途仿佛一片黑暗。但是，就算是面对上述的各种不幸，只要有一颗不甘屈服的心，就能看见胜利的曙光。

困境是时考验人格的炼金石，当一个人除了自己的生命，一切都失去了的情况下，其潜在力量究竟还有多少？毫无勇气继续发奋的人、自认是失败者的人，那么他所有的能力便会全部消失。只有那些无所畏惧、勇敢直前、不轻言放弃的人，方能为自己的生命创造辉煌。

狄更斯的小说中有一个守财奴——斯克鲁奇，他一开始是爱钱如命、残酷无情的"铁公鸡"，甚至他还将全部的精力都放在金钱上。然而，晚年的他，却变成了一个慷慨的人，他宽宏大量、真诚爱人。狄更斯此部小说并不完全都是虚构的，世界上有这样的原型。人的本性可以由极恶变成极善，人的事业又何尝无法从困境走出来呢？

没有能够承受困境的力量，我们就无法从困境中看到机遇。也正是由于在忍耐中，我们方能发现机遇的稍纵即逝。机遇往往都是藏于逆境中的，当我们因为处于危险境地而感到担忧、沮丧和慌乱时，我们的双眼就会被这些情绪所蒙蔽。而当我们平心静气地甘于忍受一切时，就会拨云见日，看到藏于其中的机遇。困境于我们是对突发事件心理状态的试验。

摩根是美国的金融大亨，他就是一个善于在困境中猎取机遇之人。

J.P. 摩根生于美国康涅狄袼州哈特福的一个富商家庭。1600 年前后，摩根家族便从英格兰迁到了美洲大陆，起初，其祖父约瑟夫·摩根开了一家小咖啡馆，积累了一定的资金，便开了一家大的旅馆，而且在炒股的同时还参与了保险业。可以说他是靠胆识发的家。一次，纽约发生火灾，损失惨重。其他的保险投资者因此而惊慌，都要放弃自己的股份不想负担火灾保险。唯有约瑟夫将全部的股份买了下来，然后他将投保的手续费提高，并还清了纽约大火的赔偿金，他由此声名鹊起。

第六节　迈过失败的线走向成功

越国被吴国打败，越王勾践也因此成为吴国的俘虏。吴王为了羞辱勾践，便差使他去喂马和看墓这些奴才干的事情。勾践心里很是不服，却依然努力地装出顺服的模样。吴王出门，他在前面牵马；吴王生病，他在床前伺候，因此吴王觉得他对自己很是忠心，便将他放回了越国。

回到越国的勾践，发誓要一雪前耻。但是他担心会被眼前的安逸给消磨了士气，就在吃饭的地方悬挂了一个苦胆，每逢吃饭，便先尝其苦味，同时问自己："你可忘了会稽之耻？"他将席子撤去，用柴草做褥。这便是后人常说的"卧薪尝胆"。

越王勾践整顿内务，壮大生产，国力越来越强盛。

勾践后来北上中原与诸侯会盟，成为春秋末期的最后一位霸主。

爱迪生曾说："我的一生中，发明电灯泡的过程是最为艰难的。我不仅要用相当长的时间来摸索，用世界上所有的物质进行试验，研究它们是否能发光，并且我总是在重复着必定失败的事，尝尽失败之苦，但是我没有放弃，因为我知道成功与失败仅有一线之隔。"

失败与成功只是一线之隔，在你失败时，只要稍加努力，便能跨越那条"线"，从而成就非凡事业。世界上很多名人即是如此，他们在饱受失败之后，敢于抬起脚去跨越那条阻碍成功的"线"，终至成就伟业。然而，我们需要知道的是，每个人走向成功的阻碍是不同的，那条要跨域的"线"也是不同的，我们需要针对致使自己失败的弱点，以不同的方式去跨越那条"线"。让我们看下一些成功人士是如何做的。

毛姆征婚卖书英国著名作家毛姆，一生写了很多诸如《人性的枷锁》等著名长篇小说，他的短篇小说亦很有影响。却无人知晓，他在成名之前生活的艰辛，时常是饿着肚子在写作。

一天，濒临山穷水尽的毛姆去了一家报社广告部，他找到报社主任，艰难地说：

"先生，能否请你帮我一把，我想推销我的小说。走投无路，只能向报社刊登广告求助了。希望您能帮我在各大报纸上都刊登。"

"各大报纸？"主任很是惊讶，"敢问毛姆先生，您有资金刊登广告吗？"

"有的，广告登出来之后，我的书必然会销售一空，能否请你先帮我垫付一下，到时我加倍偿还。"毛姆自信地说。

毛姆将自己拟好的广告词交给了一脸迷茫的主任，主任看过之后，拍案叫好："这主意真是太棒了，我一定帮你！"

翌日，各大报纸同时刊登了一条令人咋舌的征婚启事：

"本人爱好运动和音乐，是个年轻而有教养的百万富翁，希望能和像毛姆小说中的女主人公一样的女性结婚。"

女性读者看到广告后，立刻到书店，抢购毛姆的小说，回家后闭门研读，想让自己与小说中的主角对齐。男性读者亦不甘其后，争相抢购，他们的目的则是想研究女性的心理，从而对症下药，以免自己的女友"琵琶别抱"。

短短的几天时间，毛姆的小说销售一空，他也因此一夜成名，生活出现了很大的转机。

毛姆一开始穷得都吃不上饭，但是他凭借着自己的"征婚"广告得到了人生的第一次成功，其成功的根本是创意，他跳出了平凡售书的俗套，独具匠心地越过了那条阻碍成功的"线"。

卡耐基让名取利美国家喻户晓的"钢铁大王"卡耐基，其取得成功的原因有很多，其中之一也是最为重要的便是他善于让名，心平气和。

卡耐基小的时候便受到生活给他的启发，让其懂得"让名"之益处。

少年时，他曾抓到一只怀孕的母兔，母兔很快就生了一窝的小兔子。他没有钱给小兔子买蔬菜，也没时间为它们割青草，因此，他想到一个妙计。他跟邻居家的小孩们说，谁能给小兔子提供食物，他就以谁的名字给小兔子取名。这个主意对孩子们有着莫大的吸引力，他们都抢着让小兔子取自己的名字，所以他们积极地去找嫩草菜叶。卡耐基不仅养大了兔子，还同小朋友们建立了深厚的友谊。

后来卡耐基在经营上也时常使用这种方法。在修筑宾夕法尼亚铁路时，为了争取到铁轨的生意，他将自己新建的炼钢厂的名字以宾夕法尼亚铁路公司董事长汤姆生的名字来取名。这一绝招让他不费一文钱，就会汤姆生很高兴，立刻宣布以后无条件地购买卡耐基生产的铁轨。至此，卡耐基的事业日益红火。

当卡耐基成为有名的钢铁大王后，依然如此，让名给别人。一次，他曾接受一个年轻的记者访问："您一定是世界上最厉害的炼钢专家！"卡耐基谦恭地回答："愧不敢当，炼钢学识比我强的，仅我们公司就有二百多个，我怎敢欺世盗名？"

记者很疑惑："但是，他们都是你的下属，要听你的指挥和调遣。"

卡耐基说："这并不能说明我就比他们强，他们各有所长，我不过是在尽量地挖掘他们的学识和特长而已。"

年轻的记者又去访问了卡耐基公司的其他专家。

一个专家说："我算公司的老人了，几十年的时间，我每天都在提高一点，就能受到卡耐基的鼓励，并且得到相应的酬劳和职位，因此我心情很好，工作也就很顺畅。"

另一位专家说："我本来是为别的公司工作的，但是那里的经理自夸自己是最厉害的专家，却并没比我强，我便把'最'字送给他了；到了这里后，卡耐基比我厉害，却不肯接受'最'的名次，这样共事让我觉得很舒服。"

又有一位专家说："我是新来的，觉得卡耐基长于营造互相谦让、团结合作的氛围，在这种环境下，我不用考虑人际关系，只要专心于事业即可。"

采访结束后，年轻的记者写了一篇专稿，用来介绍卡耐基的谦和和成功的经验，最后他写道："……当那些自命不凡地宣布自己是最伟大的企业家而让合作者对其退步三舍、敬而远之时，当那些为了虚名而斤斤计较的企业家在争名夺利时，或许，这个时刻就是谦和的人取胜的绝佳机会……"

若卡耐基只为虚名，他就不会成为钢铁之王，而是陷在名利的漩涡中无法自拔，懂得舍弃，促使他成功跨越了那条"线"。

皮尔·卡丹："我一定会成为百万富翁"

1939年一个阴雨天，巴黎的一个酒吧中，一位17岁的少年正独自喝着闷酒。

他生在威尼斯的一个商人家庭，生活本应幸福而满足。然而他父亲的生意被"一战"毁了，一家人被迫迁到法国。母亲没有工作，父亲无力东山再起，全家的重担都落在他的身上。

这时的他，在一家红十字会打工，凭借勤奋和聪明才智，当上了会计。然而会计的微薄收入根本无力支付一家人的生活。一件像样的衣服他都买不起，只好自己做，幸运的是他很喜欢裁剪，因此做出来的衣服也能穿。

我的前途在哪里呢？偌大的巴黎，为何自己遇不到机遇？他一遍遍地扪心自问。

正在这时，一位雍容华贵的伯爵夫人坐到他身边，并与其交谈。

"你的衣服不错，哪儿买的！"

"我自己做的。"

"自己做的？"伯爵夫人很吃惊，然后她很肯定地说，"孩子，努力，你一定能成为富翁！"

"我的衣服做得很好！我一定能成为百万富翁！"少年感觉心里瞬间豁然了，因为从未有人对他做出过如此评价，况且，还是一位身份尊贵的夫人。

1950年，怀着"能够成为百万富翁"的梦想，少年开了一家很简陋的服装店。然而就在这一年，著名影片《美女与野兽》请他为剧组设计服装，并办了一次服装展示会。

他的事业迅速步入正轨，并一步步地向着自己的目标前进着。

1974年12月，他的照片出现在了美国《时代》杂志的封面上，上书："本世纪欧洲最成功的设计师。"

这个人就是皮尔·卡丹。

有人曾经说过，法兰西的文明中，埃菲尔铁塔、戴高乐总统、皮尔·卡丹以及马克西姆餐厅，是地位最为突出和知名度最高的，而后面的两个都是属于皮尔·卡丹的。

现在，皮尔·卡丹早已超越了百万富翁的目标，五大洲的80多个国家，有600多家工厂生产着标有"皮尔·卡丹"和"马克西姆"字样的产品，他有5000多家专卖店，其年营业额多达百亿法郎。

相信自己，不断给自己坚定的信念，便是其成功的"金钥匙"。

不要在乎失败，失败与成功往往只有一线之隔，跨越这条"线"的方法多不胜数，针对自己的弱点，找到适合自己通向成功的方法，坚信自己能够战胜失败，走向成功。

第七节　别让代沟扼杀了亲情

　　1847 年 2 月 11 日的凌晨三点，爱迪生诞生在美国中西部的俄亥俄州的米兰一个小市镇。他的父亲是荷兰人的后裔，母亲是苏格兰后裔，曾当过小学教师。7 岁时，父亲的屋瓦生意倒闭，全家迁往密歇根州休伦北郊的格拉蒂奥特堡。不久，爱迪生得了猩红热，终日缠绵病榻，以致后来很多人都认为此病是导致他耳聋的原因。8 岁时，爱迪生上了小学，然而，只读了三个月，就被老师以"低能儿"的理由赶出了学校（因"愚钝糊涂"被勒令退学了）。因此，母亲成为他的"家庭教师"，母亲决心教儿子读书认字，还教育他要诚实、热爱祖国、热爱人类。因为母亲的教育方法，激发了他浓厚的读书兴趣。"他博览群书，并且能一目十行，过目成诵"。他在 8 岁时，读了莎士比亚、狄更斯的著作和重要的历史书籍，9 岁时，他能很快地读懂难度较大的书，比如帕克的《自然与实验哲学》。

　　我们无法避免人际交往中的矛盾和冲突。但假如我们在与人相处时能做到求同存异，做到相互理解，并能在实践中主动调和人际关系，讲究人际交往的艺术，旧的矛盾不但能够得以解决，还能避免新的冲突出现，即使出现也不会太激烈。从而营造和谐氛围。

"我都已经是初中生了，爸妈还是老把我当小孩子看，不管我做什么，他们总是对我不放心，一遍又一遍的叮嘱，没玩没了，烦死人了！"

"我父母很固执，从来都不听我的意见。"

"父母不理解我，不管是交朋友、穿衣打扮，或是吃东西，看课外读物，只要是有关我的事，他们没有不干涉的，真是一点自由都没有！"

你曾有过这样的怨言吗？相信很多同学都感觉到了，进入青春期之后，对父母的抱怨开始逐渐增多。也许有的同学还感觉到，那样熟悉的父母居然都无法理解自己！

但是，你可曾知道，父母也会因此而感到伤心？他们会有种感觉，十几岁的孩子没有以前那样听话了。这里看不顺眼，那里不满意，只要一说话，孩子就立刻立起了全身的毛刺，反抗或顶嘴。当他们发现以前乖得像绵羊的孩子，如今变成了喜欢炸毛的小野猫，他们会是如何的难过和失望！

究竟是你不再需要他们了，抑或是他们做错了事？是你对他们不再信任，还是他们不够尊重你？

这些现象在生活中时常出现，然而，大部分进入青春期的少年少女和父母之间的冲突都是因为自己的心理产生了变化，从而导致与父母之间的关系进入紧张状态。

当你进入青春期后，身心急剧变化，儿童期的心态和内心世界的状态都被打破，此后，你看待自己、看待世界的眼光和角度都与以前大不相同。小的时候，你是个听话的乖孩子，父母在你的心目中永远都是神圣而正确的。童年乖巧而又温顺的你给父母带来了很多的快乐和欣慰；可是，随着年龄的增长，你的知识和阅历都在不断增长，与外界的接触面变得更加宽广，开始懂得用自己的眼睛去看待世界，用自己的价值观去评判世界。因此，你眼里的父母，不再是像曾经那样的神圣。因为除了学校的老师，你还可以从杂志书刊以及媒体上知道令你崇拜的人；父母和老师都不再是你的良师益友，因为这个年龄段的你交到了很多同龄的知心朋友；父母和老师的观点都不再是"圣旨"，因为你懂得了思考……你与父母之间的关系逐渐出现了裂缝，不再像小时候那样亲密无间，不知不觉间一条看不见的鸿沟在出现在你与父母之间。

你开始有了追求独立的愿望，你会觉得自己已经长大了，应该像成年人一样，享有独立自主权。所以，你对父母过多地干涉自己的"隐私"开始反感，你希望能自己决定穿衣打扮的方式，自己决定交什么朋友，自己决定怎样使用课余时间，你希望父母将你当成成年人，希望能够参与大人们的话题……或许，你为表示自己的独立自主，你会顶撞父母，即便明知道父母是站在对的那一方，你也会无理取闹。这种追求独立的愿望和努力是你走向成熟的必经之路。假如进入青春期，你依然凡是仰仗别人，自己毫无主见，长大后便要在此方面恶补课程！

因为青春期，你常常很难顾及父母的心情和想法，父母也无法知道你的愿望，因此在追求独立自主的行动中就会与父母的关心产生激烈的冲突。

通常来说，你可能比以前更看重朋友的意见了，青春期的少男少女比任何时候都需要朋友，都很在意朋友对自己的看法。与你而言，被同龄人接受会比让父母满意更为重要。譬如，父母对你成为追星一族很不赞同，他们认为这是不务正业，但是，一旦你让父母满意了，那么在同龄人评论歌星时，你就会与他们缺少共同语言，从而担心会被排挤，所以父母的干涉必定会导致你们之间的矛盾。

随着社会生活的都市化，人们生活节奏变得快速起来，父母与子女各自忙碌，一起相处的时间骤然减少，而从事经商、海员以及外交方面等特殊职业父母常年奔波在外，与子女之间的相处见面更是少之又少。因此，父母与子女之间就会因缺乏了解而沟通困难。

即便父母常与你在一起，而彼此之间的沟通也很难维持。现今当下，就连父母也要经常面对很多的问题，例如，夫妻感情的矛盾，职场带来的压力，社会竞争的压力，养家糊口的艰难等等，这些问题都是父母以前不曾应付过的。而子女并没有比父母轻松，他们同样要面对成长带来的诸多困扰：繁重的课业，升学竞争的压力，早熟的情感，同学之间的关系等一系列的压力和干扰，两代人各自有各自需要面对的问题，因此很容易就忽视了彼此间的沟通和对彼此的关心。

此外，家庭经济和感情上出现的变化，父母之间的矛盾和冲突，都会使你心情不佳，情绪黯淡，因此，与父母之间的相处更难融洽。

多理解父母，也多了解自己，这样对父母的怨恨可能就会减少。虽然与父母之间依旧会冲突不断，但是每个家庭都是如此。与父母的相处，关键不是避免冲突的发生，而是当有冲突发生时，要努力地去化解。切莫太在乎父母对你的非难，学会理解父母比什么都重要。

第八节　活在当下，享受生活

圣诞节即将来临，保罗的哥哥送了保罗一辆轿车作为礼物，圣诞节当天，保罗下班后，来到停车场，看到一个小男孩正绕着那辆新车，细细地端详，小心地抚摸，并不停地发出赞美。看到保罗近走，他很是羡慕地问："请问先生，这辆车是您的吗？"

保罗点了点头，充满自豪地说："这是我哥哥送我的圣诞礼物。"

闻言，小男孩惊讶地瞪大了双眼，他看着保罗，将信将疑地问道："您说这是您哥哥送您的礼物？您一分钱都没花？"

看到小男孩羡慕的眼神，保罗很骄傲地点头。

"天啊，我真希望也能……"

听他这么一说，保罗以为他也是希望自己能有一个这样的哥哥。然而，小男孩后面说的话却让他大吃一惊。

"我真希望自己也能成为一个可以给弟弟送车当礼物的哥哥。"小男孩很是遗憾地说。

保罗很吃惊，他看着那个小男孩，问道："想不想坐我的车去兜兜风？"

"哦，先生，真的可以吗？"他有些不敢置信，"如果是那样的话，真的是太好了！我做梦都想坐您的新车呢。"

保罗露出微笑，他觉得自己能猜到小男孩想干什么。无疑是想跟邻居炫耀一下，让大家知道他坐了一辆新车，然而这次保罗再次猜错了。

"先生，您能不能把车子停在那两个台阶的前面？"男孩恳求道。

保罗依言在台阶前停了车，小男孩快速地奔跑上阶梯，不久，保罗便听到了他回来的声音，只不过这次动作不似先前的轻盈，反而有些笨重和缓慢。

诧异之时，保罗看到那个小男孩扶着一个脚有些跛的小孩子慢慢走过来。他立刻想到"他应该就是那个男孩的弟弟吧！"

此时，男孩已经走到车前，跛脚的弟弟被他紧紧抱在怀里，他指着保罗的新车，高兴地说道："快看，这个就是我刚才跟你说的那辆新车。这是保罗先生的哥哥送他的礼物哟！等以后我也送你一辆这样的车可好。到时，你就能开着属于自己的车去看那些挂在橱窗上的圣诞饰品了，就如同我曾跟你说的那样。"

此情此景，触动了保罗内心的心弦，他的心感觉到了一股温暖，他的眼眶有些湿润。他下了车，帮小男孩将弟弟抱上车。男孩很兴奋，飞快地爬上车，坐在弟弟旁边。他满怀感激地对保罗说："先生，非常感谢！"

保罗看着他们，面露微笑，只说了一句："小心，坐好！"说完，他便发动了车子，一次令人难以忘怀的假日兜风就此开始。

人活着，都要懂得享受生活，生命如此美丽，却也短暂。牢牢抓住它吧！学会珍爱生命，享受生命中的每一个时刻。

人类的体验其实可以分为两种：一种是追求功效的实用性，这种人的生活一般都缺少快乐；另一种是追求快乐的生活，这样的人才会真真的快乐。

我们的一生中，很多时候都在为明天的生活而奔走，而忘了享受现在。在生命的最后一刻，我们才会发现，我们尚未尝过生活的乐趣，因为一个人的人生是由很多个今天组成的。我们的欲望是无穷无尽的，即便是在某些方面得到了一些满足，然而在另一个新的欲望成形时，我们又会义无反顾地去追求这个。只因人生的真谛没有被我们看透，于是，我们只能是生活的奴隶，而无法成为主人。如同寓言中的那头愚蠢的驴子，死盯着眼前那根吃不到的萝卜不放，却不懂得好好享受嘴里正在吃的东西。

如果我们的生命中太阳只出现一次，那么每个人都不会想要放弃这唯一的一次能够感受阳光的机会。

正是因为太阳每天都会升起、落下，所以我们才无心去抬头关注它。

罗丹曾说过："生活中不是缺少美，而是缺少发现美的眼睛。"

想象一下，早上还在被窝的时候，你就已经开始忧虑起床后会很冷，进而错过了享受被窝里那最后片刻的温暖；还没走出家门你就又开始担心路上会不会堵车；在办公室时，你又开始犹豫下班之后该去跟朋友约会还是去看场电影；刚刚拿到薪水，你又开始盼望着下个月的工资。

我们总是如此，总是在想着未来的事情，而忘记了去感受过程中的美丽。我们总是在焦急地等待着周末和节假日的来临，总是在盼望着孩子能够快速长大，自己能够快点退休呆在家里享清闲。

当生命走到垂暮之年时，我们又会担心下一刻就要与这个世界永远地说再见。我们的生活总是各种忙碌，一刻都停不下来。

我们总是习惯性将拥有的多少、外形的好坏排在首位，花费大量的金钱、时间和精力，只为换取一个赞美，从未想过要停下脚步来感受一下生活带给我们的安逸。

美到处都可以见到，它存在你内心的每一个角落，在任何一个你看得见的地方，完全不用去刻意地寻找。只要你懂得感恩生活，满怀感恩之情地活在每一秒，这本身就是一种美。

恰到好处的幻想，也是一种对生活的希冀，但是，耽于幻想不可自拔，就会失去眼前的真实。

"生活在此刻"，才是生活的最佳原则。我们必须跳脱对"下一秒"的期盼和痴迷，它们是如此的不现实，即便有的在最终会得到，但我们却也为此付出了巨大的代价。

切莫边吃饭边想着未完成的工作，更不要边工作边开小差担心下班后的交通情况。

跳出不切实际的幻想，学会体会和感恩已经拥有的，这其实也是一种侧面的成长。

我们应该为每天的日出而感到欢喜。

我们应该为工作给我们带来的快乐而满怀感恩。

我们要随时随地地与家人、亲友分享我们的喜悦和甜蜜。

我们要学会感恩自然，与它们和谐相处，静心聆听大自然的声音，去仰望美丽的夜空；与伟大的自然生命力相碰触。

停下吧，停下你追名逐利的脚步，平心静气地感受并欣赏此时此刻生活的美好。学会知足，学会感恩所拥有的一切，其本身就是一种幸福。

第九节　人生在世，难得糊涂

人生在世，很多时候都切勿太认真。历经了世事沧桑之后的郑板桥，就曾自书"难得糊涂"用以警戒，并写道"聪明难，糊涂难，由聪明转糊涂更难。"虽是难得糊涂，但事实上郑板桥却是个明白人。他看透了腐败的官场，不愿与他们同流合污，便辞去了官职，回到家乡后的他以写诗作画为生，纵享潇洒人生，并以"怪"出名。

生活中，难得糊涂不失为一种洒脱、一种成熟和豁达。唯有明白了这一点，方能挺直腰板沐浴温暖的阳光，驶向幸福的彼岸。只有做到明知故昧，才能在犹如龙潭虎穴那般危险中避开是非，化险为夷。

第二次世界大战爆发以后，太平洋就不再似其名那般太平。其上空始终盘旋着轰鸣的战斗机，海面上也都是驰骋的军舰。一天，位于太平洋地区的美国司令办公室大厅出乎以往的安静，闲杂人员都被遣散，仅剩两位将军在进行密探。

海军上将尼米兹司令官吸了一口雪茄，将一份美国芝加哥新出炉的报纸丢在美国情报局高级官员福特面前，怒道："福特将军，你给我解释解释，关于这件事，其完全是一起严重的泄密事件！我甚至怀疑我们的情报人员除了会捉老鼠之外，什么都不会！"

福特双手接过报纸，一条新闻出现在眼前：美国情报机构日前已破译日军密码，日军海上作战部署计划已被洞悉……

福特还未来得及开口，尼米兹上将心头的火却已有了燎原之势："前不久，我派出的情报小组好不容易将日方密码破译，"以假赚真"的计谋也已成功，眼看着胜券在握。这一下子，就又前功尽弃了！"尼米兹上将的脸色越来越难看："福特，这条新闻表面上是在赞美我们的情报机构，但其实他是在妨碍联邦调查局和中央情报局。关于这件事，定不能轻易随便处理！"福特也是一肚子的火气：情报人员好不容易立下奇功，却被多事的新闻记着搅黄了！此事不能忍。于是他掏出钢笔，飞快地写了一封信，着对尼米兹说："司令官先生，请您将这封信快马加鞭交给罗斯福总统，要求尽快采取措施，追究此次泄露军事机密的法律责任！"翌日下午，总统办公室内，罗斯福的秘书推门而入："总统先生，这里有一件重大的事件需要向您汇报……"秘书边说边将尼米兹上将带来的信交给了总统。罗斯福看完信后，不由一笑："尼米兹还真是聪明一世糊涂一时啊，连福特也如此没耐心，跟着凑什么热闹。跟他们说，一切都顺水推舟。"

果不其然，该报纸依旧出版着，仿佛什么事都没发生一样。而日本人虽然也对这家报纸的"独家新闻"给予了高度关注，但看到美国政府并没有追究责任，也没采取任何措施，顿感失望：又是美国的新闻记者在赚取噱头，都是假新闻！日本对美国的泄密事件没放在心上，一直到打响中途岛战役，都没想过要更换密码。

而中途岛战役的最终结果便是，美国人获得全面胜利。一次，罗斯福总统在白宫接见了尼米兹上将，而尼米兹的心中依然在想着那封信的事，便问总统："总统先生，为何您对泄漏军事机密这一事好像完全不在意呢？"

总统微笑地反问道："如果对那家报纸追究法律责任，那不就真的证明了那则'独家新闻'是真的了吗？假如我们装糊涂，不予理会，日本人才会认为，我们破译了他们密码的事是假的。而日本人直到中途岛战役打响他们都没更换密码，这不就是最好的证明吗？"

事实上，对于一件事，想要做到"明知"而"故昧"是很难的，那必须要有很高的素养。人有聪明、愚人之分，聪明人能够巧妙地处理知与不知，能分辨能昧与不能昧；愚人，无法预测聪明人的高深，动不动就说人家内藏坏心，奸诈又阴险，却不知其中的妙，乃是"大智若愚""藏巧于拙"。

海瑞是明代著名的政治家，他曾是浙江淳安县的知县。一天，海瑞处理完政务，在海安和几位官员的陪伴下，来到了县城东边的甘河桥头，巡视百姓们的生活。此时，驿站有人来控告自称是总督胡宗宪儿子的人，说他因为嫌弃驿站的马匹，便将驿站的驿官绑起来倒吊在树上。海瑞立刻带了人赶到，他看到一个穿着华丽的公子正趾高气昂地骂着众人，身边还放着很多大小不一的箱子，上面都贴着印有总督衙门字样的封条，海瑞顿时明白过来，这正是胡宗宪的儿子，而且他还收受了很多的贿赂。海瑞这时心里早已有了一计，便差人将箱子打开了，里面装的竟是几千两雪花银，海瑞顿时变了脸色，指着那位胡公子，对着围观的百姓说道："这歹人好大的胆子，竟然打着总督的名号，败坏总督大人的声誉！上次总督大人出来巡视时，就早已发了布告，让地方不要铺张浪费。你们看歹人居然带着这么多的钱和行李，怎么可能会是总督大人的儿子？他是假的，定要严惩。"

接着，海瑞便将胡公子的那几千两银子没收充了国库。此事后，海瑞考虑再三，还是决定写一封信，让海安交给了总督胡宗宪大人。信中的内容甚是简单："烦请胡总督大人见信，日前，一恶少来到鄞县，为非作歹，强取豪夺。下官已命人将其收押，赃物没收进库。不曾想为首的那恶人胆敢冒充贵府公子，余以为胡大人为官清正，治家有方，令公子想必更不会有此般恶形恶状。大人以为如何？望明察！海瑞拜上。"看了来信，胡宗宪又看了看被绑着的儿子，大为震怒。担心海瑞将事情扩大化，只好忍气吞声，不敢向海瑞承认其所抓之人正是自己的儿子。银子的事情也就此沉了消息。

海瑞明明知道恶少就是总督的儿子，但是却能强行压制心中的怒火，"以真当假地装糊涂"用以严办总督恶少，不仅伸张了正义，还为百姓主持了公道！随后，他又继续揣着明白装糊涂，将此事写信禀报给总督，聪明的他先颂扬了胡宗宪，赞其"为官清正，治家有方，其子定不会有纨绔恶少之状"！因此那位"假"的胡公子甚是可恶，其受到严厉的制裁自是罪有应得！

揣着明白装糊涂，不能不说是一种潇洒。当今社会，竞争如此激烈，想要有一方立足之地更是不容易，此时，最难得的人生便是难得糊涂。有些时候，揣着明白装糊涂，这个"糊涂"能让你瞬间拥有更多。

周定王二年（公元前 605 年），经过艰苦卓绝的苦战，楚庄王终于将叛乱平定，之后他宴饮群臣，共庆胜利，此宴名叫"太平宴"。君臣正当酒酣之时，庄王叫来宠姬许姬为群臣敬酒助兴。此时一阵大风忽过，大厅的蜡烛皆被吹灭，整个宴场一片漆黑。其中，有一名武将对许姬的美色垂涎已久，便趁着夜黑，摸了一把许姬。许姬大惊失色，便用左手挣脱，右手顺势扯下了摸她之人的帽缨。她取缨在手，便将此事告诉了庄王："刚刚敬酒的时候，有人趁着烛灭之时对奴家图谋不轨，现在那人帽缨被我扯了下来，大王快命人点亮蜡烛，查明到底是谁干的？"

哪知庄王只是沉思了片刻，便对众人说道："今日我看大家都喝的如此尽兴，不如放松放松，将头盔帽子的都取下来吧，那样更能喝个痛快。"大厅重新点上了蜡烛，宴会继续，庄王依旧谈笑自若，自始至终都没有追查那个冒犯之人。一个臣子对自己的爱姬欲行不轨，属于大逆不道，若是有人犯了此事，不被杀头已是万幸。然而，楚庄王却假装什么都没发生，放过了属下，不仅如此，他还设法为其瞒天过海。八年后，周定王十年（公元前 597 年），楚庄王兴兵伐郑，其前部主帅襄老的名叫唐狡的副将，毛遂自荐，带着百余名士卒为庄王开路，奋力相拼，最终杀出一条血路，使得庄王的后续将士没费一兵一卒便到达郑都。之后，唐狡才敢承认自己就是那晚冒犯许姬之人。

在庄王看来，酒后乱性，是能理解的，并不是罪不容赦的；但是若是毫无肚量的君主，恐怕唐狡早已身首异处，就不会有后面的戴罪立功。此事，流传千古，春秋史曰："绝缨之会"，庄王看似"糊涂"，凸显的却是大智慧。

人的一生中，多多少少都会遇到一些"难堪"，对此，我们可以假装"糊涂"，切莫斤斤计较，寸步不让，作点"退却姿态"。有时候"糊涂"可以让你拥有更多的乐趣，更多的人生享受。在生活中，一份"糊涂"一份洒脱，一份达观，一份成熟。唯有懂得这点，方能成就一番事业。

第二章
参差不齐乃是人生本态

第一节 自古雄才多磨难

　　博克是美国新闻时尚界最成功的编辑，他曾经创办了世界上发行量最大的妇女杂志《妇女家庭》。他出生在一个贫困的家庭，小的时候，家里一无所有，他不得不每天都提着小篮子去捡那些煤车上掉下来的小煤渣。他请求面包店老板给一份擦窗户的工作，只为了能得到一块面包。这个工作结束后，他又继续找寻着另一份工作。

　　星期六的早晨他去卖报纸，利用空余的时间向坐马车旅行的人贩售冰水和柠檬水，晚上，他又为报社写各地关于生日宴会和茶会的新闻稿。此时的他只有12岁，从西班牙迁到美国不足6年。13岁时，他离开了学校，来到一家公司做了一名清洁工，慢慢地认识了一些有名望的人，他开始有了雄心和壮志，最终通过自己不懈的奋斗，成为了美国最成功的编辑。

　　俗语说：物以类聚，人以群分。人与人之间有高矮之分，胖瘦之别，即便是为人子女，示有区分。如果父亲只是普通人甚至穷人的，他的孩子就会不受待见。能有一个钱权在握的父亲当然是好事，如果父亲是成功人士或富人，孩子的起点就能比别人高，成功的路途也会比别人顺利。然而，还是会有很多的人，有着好的条件，却不思进取，成为纨绔子弟。高尔基曾说："贫穷是最好的大学，若你能够在这里修满所有的学分，未来的人生，没有什么是你无法超越和突破的。"

中国有句古语：穷人的孩子早当家。家境贫寒的孩子通过自己的努力获得成功的案列数不胜数，即使没有有钱有权的父亲，自己依然能够改变人生。

自古雄才多磨难，纨绔子弟少伟男。生活暂时贫苦的朋友，重要的是要端正自己的态度，掌握好心态。穷不可怕，可怕的是精神的贫乏，人活一世，每个人都有着自己的目标和追求。

著名品牌金利来的创始人如今已是香港富豪的曾宪梓先生曾说："我出身贫苦人的家庭，但是我并害怕贫穷，只要有志气，在贫苦中所付出的努力和勇于克服困难的决心就是一笔巨大的财富。只有我们贫苦的孩子才能拥有的财富，因为穷，所以就一定会奋斗，去战胜，在这个过程中，我们学到的东西比一般人都要多。"

古今中外，成功的人士不在少数，他们也大都出身寒门，但贫困并没有将他们击垮，却将他们坚忍不拔的气质磨砺了出来，他们的性情被陶冶的无坚不摧，也促成了他们不向命运屈服的坚强意志。这些优秀的品质弥补了他们物质的匮乏，成为他们迈向成功的巨大精神财富。

贫穷不可怕，可怕的是因此而背上心灵的负担，从而失去进取之心。若想摆脱困苦，你首先要勇敢面对现实，敢于忍耐艰苦岁月，不去羡慕他人的优越生活，更不要去在意他人的眼光，只因贫困并不是丢脸的事情！

与上述博克有着相似生活的普利策，生在匈牙利的一个普通小镇，他幼年衣食无忧，然而在父亲去世之后，家境便渐渐衰落。母亲改嫁，他与继父的关系并不融洽，这一原因使他吃尽苦头。17岁时，他偷渡到了美国。起初，他想成为一个军人，孰料却屡遭拒绝，最后，几经辗转才当上了骑兵。

　　然而，战争很快结束了，他在纽约定居下来。后来又去了西部，做过水手、骡夫、码头苦力、建筑工人、餐厅跑堂，甚至马车夫，然而对这些他都不感兴趣。不久，他找到了一份图书馆的差事，每天在图书馆工作两个小时，是以，他便一边工作一边在图书馆看书，对于这份难得的工作，他表示很喜欢。

　　或许是图书馆工作的便利，为他带来了很大的好处，他因此接触了大量书籍，后来他便成为美国新闻界的标兵、旗手，以其名命名的"普利策新闻奖"至今是美国新闻界的最高荣耀。

　　也许有钱的爸爸能给你带来很多的人脉，可以给你带来背景，给你带来资源，可以给你金钱，也可以给你智慧，其中的任何一个都能使你衣食无缺，甚至能轻松地获得别人毕生的努力方能得到的生活质量。然而爸爸常有，有钱的爸爸却难得。假如你没有一个有钱的爸爸，也不用怨天尤人，更不需要去羡慕别人，只需用自己的激情照亮并点燃自己的人生。奥格·曼狄诺说："世界上最大的财富是激情，其潜在价值要远远超越权势和金钱。激情可以摧毁敌意和偏见，让人摈弃懒惰从而扫除障碍。它是行动的信仰，只有这样信仰，才能攻无不克。"

　　贫穷给我们带来的并不是自卑，而是奋发向上的勇气与魄力。是贫穷让我们迎难而上，是贫穷让我们感受成功后的真正喜悦。这种喜悦是一种战胜自我的成就感。看看"美国名人榜"，看看那些享誉中外的名人，他们大都饱受生活的打击，只因他们能坚持努力，最终获得辉煌的胜利。没有富爸爸，你照样能够成功，不向挫折和贫困低头，理想才能真正得以实现。

第二节　成功不只于与学历有关

被世界公认的最成功的辍学者——比尔·盖茨，大学没比业就开始了创业生涯。他与保罗·艾伦共同创建微软公司，曾是微软的首席软件设计师和CEO。从1995年开始，一直到2007年，比尔·盖茨在《福布斯》全球亿万富翁排行榜中连续13年蝉联世界首富。

有的人，十年寒窗，然而一毕业就意味着失业，着实令人郁闷；有的人，能力强，即便学历不高，也能在职场平步青云，左右逢源。许多的高考学子都怀揣着毕业能找到一份好工作的梦想，拼命地向热门专业和名牌大学中拥挤。在人才招聘现场，总是能看到这样的场景：一边是手执学历证书的大学生，在应聘过程中屡屡碰壁；一边则是应答如流，被多家企业争抢的职场达人。条条大路通罗马，只要有能力，不愁无处学习，任何地方都能成就人才。

当今社会，"唯学历论"早已无法适应当下人才竞争的现状，企业用人重在"能力"，"学历"反而成了其次。很多成功的精英并无光彩耀人的学历，但是他们却能凭借出色的见识和能力，成就自我，用能力证明自身的价值。

索尼企业的创始人盛田昭夫曾经说过："我想烧掉索尼企业的所有人事档案，以便杜绝企业内出现学历上的歧视。"过了不久，此话真的被其付诸行动，此举成就了一大批的人才，造就了索尼今日的成功。就某种意义而言，学历有时候反映的是一个人受教育的程度，若没有一个合适的学历，即使有再强的能力也会被淹没。但是若没有超强的能力，即使学历再出色高仍会被淘汰。在一个人的职业发展道路上，学历和能力是密不可分的。唯有学历和能力达到完美契合，事业方能成功。

　　学历折射的是一个人的学习历程，而不是一个人能力之体现。成功并不一定要依靠名牌大学，毕业于普通大学甚至高中的人也能成就业内精英。

　　墨西哥有个名叫巴纽埃洛斯的姑娘，16岁时，她与人结婚。婚后两年她生了两个儿子，丈夫却在不久之后抛弃了她，巴纽埃洛斯只好一个人支撑家庭。为了使自己和儿子能有一个感到体面和自豪生活，她开始思考改变自己的人生，开创出属于自己的一片天地。

　　为了谋求更多的机会，她带着两个孩子来到了得克萨斯州埃尔帕索，并且找到了一家洗衣店的工作，不久之后，她发现这里并没有她所追求的东西。因此，虽然口袋里只有不到8美元，但她依然义无反顾地带着儿子们来到了洛杉矶。她努力打工，拼命地攒钱，终于有了400美元的小小积蓄，于是她和她的姨妈一起买下了一家店，这个小店只有一台烙饼机和一台烙小玉米饼的机器。她同姨妈一起制作玉米饼，非常成功，后来还陆续开了几家分店。之后，姨妈觉得工作太辛苦，她便买下了姨妈的股份，独自拥有了这家店。

　　多后后，她的小玉米饼店成为当地最大的墨西哥食品批发商，员工有300多人。然而她并没有因现有的成功而满足，因此在有了一定的经济基础后，她同伙伴们在一个小拖车里创办了一个银行。但是，在社区推销股票时却遇到了麻烦，只因人们对她们不放心，在向人们贩售股票时总是被拒绝。人们问她："就凭你怎么可能开得起银行呢？"甚至还有很多墨西哥的同乡都劝她放弃："我们都努力了这么多年，依然是失败，你难道不知道墨西哥人就不可能是银行家吗？"然而，她依然没有放弃自己的梦想，经过不断地努力，这家银行如今早已是东洛杉矶不败的神话。

一个籍籍无名的墨西哥移民，没有学历，却胸怀大志。由此可见，成功与学历的关系并不大，也可以说学历只是个装饰，它代表的仅是个的教育经历而已，有能力的人没有学历照样成功。

杰克·韦尔奇曾说："你一旦产生了一个简单而坚定的想法，只要肯不断地去重复它，其终将会成为现实。坚持、提炼、重复，这便是成功的秘钥；持之以恒才会达到最后的临界值。"

几年前，社会上一直流行着"唯学历论"，企业招工不论能力，只看学历，仿佛唯有高学历的职工才能撑起公司的门面。在激烈的市场竞争中，那些没有实际经验的高学历人士纷纷被打败，而那些学历不高却实战经验丰富的人却成为赢家。

一位世界知名制药企业的负责人讲述过他的一次招聘经历：他们要求应聘者用英语对话，然而他们发现很多的求职者虽然都拿着英语四、六级证书，但是在运用英语进行简单沟通时，大部分人都只能成为"哑巴"，要么是听不懂，要么就是不知该怎么用英语表达。有个人，英语水平达到专八的级别，却在一次应聘某知名企业的"海外拓展经理"时，因无法满足招聘企业对英语能力的要求，而没有通过应聘，为此大家都为其感到遗憾。

成才之路未必一定要考名牌大学，但凡有能力，任何学校都是一样。名牌可能会影响就业，但也只是一时。名牌大学和高学历并不意味着好就业，但是从长远来看，职业发展是看能力不看出身。

　　许多人总是喜欢将自己的失败归咎于没有好的机遇，没有受过高等的教育。其实，正是由于这种狭隘的观念才让他们沉溺于自卑与贫困中无法自拔。当今社会，每个人都有其发光点，每个人都能在社会的大舞台上展示自我，这对于每个人都是公平而公正的，即便是没有学历，也能成功。有学历也并不意味着有能力，只有有了超强的能力，才能走向成功。成功与学历无关，世界上有很多的人都是依靠着自己的努力、不懈奋斗以及超凡的能力获得成功的。

第三节　让青春因奋斗而精彩

　　古时，有个人名叫方仲永，金溪人，家中世代以耕田为生。5岁时，方仲永都没有接触过书写工具，突然有一天他哭着向家里要这些东西，父亲为此感到很奇怪，便向邻居借来他所要的东西。仲永随即写下了四句诗，还题上了自己的名字。此诗大意是以赡养父母和团结同族为主，他将此诗给全乡的秀才欣赏。此后，只要随便指定一个事物让其作诗，方仲永能立刻写成，并且其文采和诗中的道理有很多值得借鉴的地方。同县城的人对此都感到很震惊，逐渐地以宾客的礼仪来对待他的父亲，更甚至有人花钱求取方仲永的诗。其父视其有利可图，便每天带着他四处走访邻里，却不给他学习的机会。

　　明道年间，王安石跟随先父回到家乡，在舅舅家中见到了这位传说中的方仲永，此时的他早已十二三岁了，让他作诗，已不能与从前的名声相符。7年之后，王安石从扬州回到家乡，再次去舅舅家，当他问起方仲永的现状时，舅舅却回答说："他的才能没了，现在和普通人已无区别。"

青春是无敌的，但是青春也是昙花一现的。青春不仅有浪漫，还要有知识、经验和足够的耐心和智慧。

青春因奋斗而精彩。人活一世，总是会为了各种目标而奋斗。只有不断努力，才会有进步，才能超越。

英国的哲学家罗素在其临终前对学生说："你们正拥有着一笔让人羡慕乃至嫉妒的财富，那便是青春。这笔财富之中，有无数次的机遇和坎坷等着你们把握和填补，拥有了青春，你们就拥有希望。"

青春是一笔财富，也是一种骄傲，更是一种无限的可能。拥有青春便意味着拥有更多的尝试，意味着将面对更多的挑战，也意味着梦想的启航。青春是最珍贵的年华，青春最重要的是历经锻炼，只有在奋斗中，青春才能绽放出耀眼的光芒。

在很多人眼中，收破烂就是一件让人很看不起的事，但是一个小伙子却将其与现代高科技紧密相连，年轻人总是充满创意。正所谓拥有了青春，便拥有了希望。希望既是虚幻不真实的，又是永恒存在的。有希望才有动力，才会让人充满勇气，去追寻成功的可能性。

2003 年 7 月，23 岁的李小华从江苏省淮阴工学院现代文秘专业毕业。

毕业当天，他便开始失业。在失业的那段日子中，他常常是身无分文，因此，他用自己身上所剩无几的一点钱买了一杆秤和一辆破旧的三轮车，开始走街串巷地收起破烂来。然而即便是这个看似简单的收破烂的活儿，却难倒了他。他发现自己根本不会吆喝！一天，他突然想到了网络——如果建立一个专门收破烂的网站，在网上宣传、吆喝，那岂不是很多人都能知道？于是他倾其所有购买了一个域名，因买不起电脑就借用网吧的电脑建立了自己的网站。

李小华给网站取了一个响当当的名字——南京在线收废网。2004年8月18日这天，网站正式运行。客户只要登录网站，留下联系地址、电话和想要出售的废品种类和数量，李小华就会与客户约定时间然后上门收货。网站的业务越来越好，仅仅几个月的时间，李小华就成功地收获了人生中的第一桶金。他不仅给收废品行业带来了变革，还改变了很多人卖废品的习惯，现在若想卖废品，只要打开电脑，轻轻一点鼠标即可。

拥有青春，我们便拥有了机遇。正值青春的李小华才刚刚踏上他的人生之旅。青春是宝贵的，却也是短暂的，因此每个人都要努力奋斗，在青春之花盛开时，我们察觉不到辛苦和疲劳，只会越挫越勇，拼搏出耀眼的火花！年轻没有什么是不可以的，拥有了青春我们就有最大的竞争力。年轻就是本钱，但是也不能因为年轻而目空一切，也不能因为年轻而"前怕狼后怕虎"。我们要正视年轻，给自己以紧迫之感，抓住青春，将本钱转变成财富，唯有如此我们才能成功。

第四节 莫道桑榆晚，为霞尚满天

作为足球运动员，最佳年龄是 18 到 25 岁之间。而南非著名的足球运动员查巴拉拉，直到 25 岁还在一家名为自由群星队的南非的非常低级别的球队打拼。2007 年，他才被英明神武的南非凯撒首长招致麾下，而长于突破的查巴拉拉也没有让新东家失望。

他传球不但精准，而且速度极快，南非国家队的巴西籍主帅佩雷拉因此而被其打动。于是查巴拉拉很快就成为南非队必不可缺的边路快刀。查巴拉拉还没出名之前，南非队一直被墨西哥的球员打压。2010 年世界杯，就在很多人都认定墨西哥人迟早进球的时候，查巴拉拉犹如一道黑色闪电，打入了南非世界杯首粒进球引起让现场 8 万球迷的尖叫。

相较于那些出身欧洲豪门的巨星，查巴拉拉只能是默默无名。他出生在南非最大的黑人聚集区索韦托，从 2006 年开始，他成为了国家队的常客。

无论是佩雷拉执教抑或桑塔纳执教，他都一直备受主教练的青睐，即使他一开始是在南非的次级联赛踢球。但是在国家队中他的地位也不高，球进的也少，但是在2008年的非洲国家预选赛上，他为南非队进了球，在对抗赤道几内亚的比赛中，他在主客场比赛中都有不凡的表现。除开这场比赛，他为国家队共出场了42次，进了4球。

俗语有云：三十而立。有人说，人生重要的转折点便是而立之年。在这一年，有的人戴上了向往已久的光环，有的人的光环却在这一年开始褪色，甚至被摘掉了光环，然而有的人从未拥有过光环，都三十岁了会不会就晚了呢？而三十岁又是否真的就是人生的分水岭了呢？实际上，不论年龄大小，只要不放弃，就一定走向成功。

有人曾做过调查：在步入而立之年的"80"后白领中，35%的人拥有自己的房子，19%拥有自己的车子，然而既有车又有房的人，仅占15%。换言之，目前依然有六成多的"80"后是一无所有的，没有自己的房子，也没有自己的车子，但是他们仍然在拼搏奋斗着，他们在积攒着自己的力量，终将有那么一天，他们漫长的人生道路上会开满鲜花。

世人皆对大器晚成者持之以恒的努力表示由衷的敬意，却也打心底里羡慕那些天赋异禀的天才，他们往往早熟，年纪轻轻就取得了一般人所无法拥有的成功，但这也许就是让人们误解的原因。事实说明，即使是拥有极高才华的人，也是需要一番努力才能够真正成功的。因此，有才华的人也要遵循大器晚成的人生规律。

大卫·奥格威身为现代广告教皇，1949年，他在纽约创办了奥美广告公司，那一年的奥格威 38 岁。那时的他，没有学历、没有客户，银行里只有 6000 美元的存款。10 年后，奥美公司却成为全球 5 家最大的广告代理商之一，分公司遍布全球 29 个国家，客户更是多达 1000 多个，年营业额高达 8 亿美元。

1911 年 6 月 23 日，奥格威出生了，他先后在爱丁堡大学和牛津大学学习。但是他都没能毕业，而是像后来他戏说的"被扫地出门了"。他将这段经历称为"是我一生中一次真正的失败……本来我可以成为牛津的一颗闪亮明星，却因为次次考试不及格而被赶出了校门"。

回到英国之后，奥格威被 Age 厨具公司雇佣，成了一名推销员。1935 年，他写了一本推销辅导手册给 Age 的推销员，后来被《财富》誉为"有史以来最好的推销员手册"。那时的他只有 24 岁，却已经能写出经久不衰的推销名言。

他在 25 岁时曾说："每一个广告都必须诉说出完整的营销故事，文案中的每一句话都要有敲打人心之力。"

奥格威在 1938 年移民美国，被盖洛普民意调查公司聘用，在其后的 3 年中，他辗转世界各地为好莱坞客户进行民意调查。盖洛普严谨的研究方法和对事实的执着追求影响着奥格威的思想，并成为他日后的行事准则之一。"二战"时，他为英国安全部效命，担任英国驻美使馆的二秘。战后，他以种烟草某生，后来全家迁到纽约，从那之后便开始筹划创立自己的广告公司。但是因为资金的问题，他不得不向外界寻求支援。

这个普通的人，他大学没毕业，做过厨师、销售、也做过外交官，乃至农夫。他对市场一窍不通，也从未写过一篇文案。38 岁的他还未正式地涉足广告行业，并且原始资金只有几千美元……谁会相信这样的人呢？然而，一家英国公司却能慧眼识珠，赞助了 45000 元为其开业。奥格威与他 1941 年认识的会计师德森·休伊特一同开创了休伊特奥美·班森&马瑟（奥美前身），从此之后他凭借敏锐的洞察力、独创的理念以及勤严谨的作风带领公司一步步走向成功，3年后，这个籍籍无名的男人扬名业界，他创造了一个奇迹。

相信很多人都曾听说过山德士上校的故事，他其实是"肯德基炸鸡"连锁店的创始人，而肯德基如今早已是享誉全球的连锁快餐店。世界各个角落，我们常常能看到一个面带微笑的老人，胡须花白，白色的西装，黑色的眼睛，永远是这个形象，但就是这个微笑，可能是世界上最著名也是最昂贵的微笑了，因为这位笑容满面的老人就是"肯德基"的标志和招牌——山德士上校，即这个著名品牌的创始人，我们今天所吃的"肯德基"炸鸡，便是他发明的。而"肯德基"也从最初的街边小摊，变成了快餐帝国，山德士走过了属于他的一条不平凡的创业路。

有人可曾知道他被拒绝了多少次吗？整整1009次，最后他才听到那有如天籁的"同意"声。两年的时间中，他开着自己那辆破旧的老爷车，美国的每个角落都留下了他的足迹。

山德士上校66岁时才开始创业，他孤身一人并且身无分文，当拿到人生的第一张救济金支票时，金额却只有105美元，他的内心感到极度挫败。他思考着，企图找出有用之处。"真棒，我还拥有一份每个人都会喜欢的炸鸡秘方，不知餐馆会不会要？这么做又是否划算呢？"随后他又想到，"如果我在出售这个炸鸡秘方的同时，还教他们如何炸才好吃，又会怎样呢？若是餐馆的生意因此而红火的话，又该怎样呢？要是上门的回头客增多，并且还指明要点炸鸡的话，也许餐馆就会给我提成也有可能。"

随后，他便开始挨家挨户地敲门，并将自己的想法告诉每家餐馆："我有一份绝妙的炸鸡秘方，若是你采用，相信你的生意一定会红火，我只是希望能从增加的营业额里抽取一部分作为酬劳。"

很多人听后都讥讽他，但是他没有灰心，他继续一家又一家地询问，直到他听到那声天籁的"ok"声。

"每当你做什么事时，必须从其中好好学习，找出下次能做得更好的方法。"山德士上校以其为行为法则，从来都不因被人拒绝而气馁，反而是用心改正自己，以便用更具说服力的方法去说服下一家。

1935 年，山德士的炸鸡已经闻名世界。肯塔基州长鲁比·拉丰为感谢他对该州饮食所做出的巨大贡献，为他颁发了肯塔基州上校的荣誉，他也因此被人们亲切地称为"亲爱的山德士上校"，直到如今。

查巴拉拉、奥格威、山德士等人在属于各自的行业中都属于大器晚成的人。年轻时的他们，坚信自己的未来之路很漫长，并且从不气馁，抱着必将成功的信念坚持不懈，最后，他们的努力付出迎来了丰硕的回报。

第五节　世上本无事，庸人自扰之

　　俄国作家普希金的著名童话《渔夫和金鱼的故事》，相信很多人都读过。

　　故事讲述的是一对住在海边的贫穷老夫妻，他们以打渔谋生。有一天，老头在海里抓了一条金鱼，金鱼答应给老人丰厚的报酬，以此乞求老人放了她。老人没有提任何要求就放了金鱼。回到家中，他将此事告诉了妻子，妻子将老人大骂了一通："给你你还不要，你怎么这么傻，就算只要个木盆也是好的啊！"老人不耐其烦，于是只好找金鱼要木盆，金鱼满足了他的愿望。老头本以为这回妻子总算会高兴了，却没想到又被骂了一顿："一个木盆能值多少钱，你怎么这么蠢！去要一栋房子！"老头无奈，只好又跑去找金鱼，金鱼什么话都没说，就将他们家的茅草屋变成了漂亮的新房。然而老人的妻子仍然不知餍足，逼着老头又去找金鱼，想让金鱼将自己变成一个世袭的贵妇，金鱼再次让她得偿所愿。然而，过了两个星期之后，老太婆又不满意了，她想当女皇。因为老太婆一而再再而

三的贪婪，金鱼终于生气了，让他们再次又回到了原来的贫苦生活。

　　一个人的生活可以很简单，一箪食，一瓢饮，一张席便足够了，但是在此之前有一个大前提，即所有人都对这种生活很满足，否则不知餍足的人就会来争夺你的一箪食，一瓢饮，一张席，那么你的生存就会出问题。人不知足，便会生成欲望。每个人都有这样或那样的欲望，有的人贪财，有的人贪名，有的人贪色，有的人贪睡，有的人贪食。贪得无厌，没有停止之时。看到美丽的形象、颜色或动听的声音、美味的美食等，都会让人着迷，就会产生想要得到的欲望，无休无止。烦恼皆来自欲望。人之所以称为人，是因为人有区别于动物的思想。有了思想，便有了欲望。思想越是复杂，欲望就越是浓烈。

　　很久以前，有个老师父带着一个小和尚下山化缘。当他们路过一条水流湍急的河流时，看到一位漂亮的少女在那里踌躇，她看起来是在害怕，怕自己过不去而掉进河里。

　　老师父将一切看在眼里，走上前说：“施主，让贫僧背你过去吧。”说完，便背着少女过了河。小和尚跟在其后，对师父的行为表示很不解，一直沉默着，想着师父背少女过河的事。晚上，他忍不住了，便问师父：“师父不是说出家人受过戒律，不能近女色，为何师父今天会背那个姑娘过河？”

　　“你说那个姑娘呀！我早就放下她了啊，怎么你还背着吗？”师父心怀坦荡，从未觉得不能背姑娘，但是小和尚心怀欲望，没背却似背，心中一直未曾放下。师父背姑娘过河，从未将此放在心上，小和尚想着清规戒律、戒色，即使他没背姑娘过河，但是在心中却一直惦记着，便生成了欲望。然而，佛语有云：佛祖自在心中，并不是给他人看的。

欲望是烦恼的根源，杜绝了欲望，烦恼自然就不复存在。小和尚因为心生欲望，心里一直没有放下姑娘，所以为他带来了烦恼。

世上本无事，庸人自扰之。事实上，所谓的烦恼，无非是世人给自己带上的镣铐。心生多少欲望，便会产生多少烦恼。但是人终究是肉体凡胎，七情六欲、衣食住行都与欲望有关。所以，烦恼是不可避免的。

佛家认为，欲望诞生烦恼，没有欲望，便不会有烦恼。然而欲望又是促进人类进步的原始动力，人类的祖先因为想要生存，才会寻找食物，才会从树上下来，学会打制工具，然后进化成人。所以，我们不能因为欲望会产生烦恼，就"存天理，灭人欲"，关键在于如何控制欲望，使其既能合理存在，又能减少烦恼。

唐肃宗时期还有一个类似的案列。

唐肃宗时期，南阳的慧忠禅师被封为"国师"。一天，唐肃宗问禅师："朕要如何才能得到佛法？"

慧忠答道："佛祖在我们的心中，不是他们能够给予的！陛下可有看见殿外天空中的云？您能否让侍卫将其摘下放进大殿？"

"当然不能！"

慧忠又说："世人痴心向佛，有的人是想得到佛祖的庇佑，求取功名；有的是为了求财、福寿；有的则是为了摆脱内心的谴责，而真正为了佛而求佛的又有几人？"

"那怎样才能得到佛的化身呢？"

"陛下有欲望才会有此想法！切勿将生命浪费在无意义的事情之上，醉生梦死一生，到最后一切只是枯骨和腐肉，何苦哀哉？"

"哦！那要如何才能没有忧愁和烦恼？"

慧忠答："您踩着佛的头顶走过去吧！"

"大师这是何意？"

"没有烦恼的人，能够看清自己，即便修成佛身，也绝不会自认识清净佛身。唯有烦恼之人才会终日想要摆脱。修行之过程亦是清明心地之过程，他人无法代替。摒弃己身之欲望，放弃一切想要之物，你便发现你拥有的是整个大千世界！"

"但是即便得到整个世界又如何？依然无法成佛！"

慧忠问："成佛是为何？"

"因为我想拥有佛祖那样至高无上的力量。"

"陛下贵为一国之君，难得还不足够吗？欲望难以餍足，又如何成佛？"

世人皆是如此，欲望没有休止！即便是皇帝也有各种欲望，世人求佛究竟是为何？

由此观之，即使是拥有皇权的皇帝都有无法满足的欲望，更何况是平常百姓。人皆有欲望，它犹如一条大河，波涛汹涌，奔流不息，不停地驱使人们为其奔波、劳碌。有的人是为财富，有的一人是为功名，有的人是为事业，有的人是为了情或长寿。每个人的欲望不同，也因人的不同阶段、处境而不同，但可以肯定的是，人有太多太多的欲望，相较之下，能被满足的欲望又是少之又少。

控制欲望之"度"。切莫抛弃现实与人盲目攀比。自小我们便被灌输了一种观念："王侯将相宁有种乎？""不想当将军的士兵都不是好兵"。其实，这些话用来励志很有意义，但若是作为人生目标则不现实，王侯将相、将军，世上能有几人？普通人才是大千世界的大多数。若是将目标定的太过高远，一旦无法实现，就会产生烦恼。所以，是欲望给人带来的烦恼。

事实上，生活本无痛苦，亦本无烦恼，当欲望被点燃，烦恼就随之产生了。当人们开始计较得失，开始想要更多，痛苦就随之而来。

人生其实很简单，只要找准目标，挑选自己感兴趣的事，花费毕生将其完成。不用多，一件足矣。他人的成败与你无关。你只需同自己比较，有没有在进步，是否有超越、战胜自我。

第六节 从内打破，适者生存

很多年前，比尔就知道自己必须要做出选择：要么当废物，要么去打工。他选择了后者，成为了推销员。1959年，比尔第一次登门推销，他犹豫了四次，最后才鼓足勇气按响了门铃。但是门内的人对他的产品毫无兴趣。于是他去了第二家、第三家……比尔始终在追求更强大的生存技巧，所以即使客户对产品不满意，他也未曾沮丧过，而是一次又一次地敲开别人家的门，直到找到感兴趣的人。

他每天都在重复着同样的生活。每天早晨，他上班时总会路过一个擦鞋摊，然后他会停下让别人帮他系一下鞋带，因为他的手不够灵活，要很长时间才能系好鞋带；然后他还会停在一家宾馆门前，让接待员为他扣上衬衫的扣子，帮他整理领带，让他看起来更精神。不论刮风下雨，他坚持每天走十英里，背着沉重的样品包四处奔走，那只没用的右手便缩在身体之后。如此三个月之后，这个地区所有人家的门都被比尔敲过了。因为他几乎无法拿笔，所以当他每做成一笔交易，顾客都会帮他填好订单。

在出门 14 个小时之后，比尔才拖着筋疲力竭的身体回到家，他的关节很痛，偏头疼也会折磨他。他每隔几个星期就会将客户的订货清单打印出来，因为只有一只手能用，所以即便是这样简单的工作，他都要花费 10 个小时。直到深夜，他才完成当天的全部工作，然后，他将闹钟定在 4 点 45 分，以提醒他第二天早起工作。

过了一年又一年，比尔负责地区的家门被他逐一全部敲开，销售额也在逐渐增长。终于，他成了怀特金斯公司在西部地区销售技巧和销售额最好的推销员。

人活一世，很多时候的生存法则就是适应环境。很多的时候，都不能是环境来适应我们，而是我们努力地去适应环境。这既是自然法则，也是社会规律。

达尔文曾说："生物的生存竞争中，有利于生存的变异个体就会被留下，反之则会被淘汰。"从动物到人类，其生存法则是一样的道理，适者生存。

美国加州的一个岛上，有一种名叫美洲鹰的鸟，它重达 20 公斤，翅膀展开有 3 米之长。因为有人高价收购，岛上的美洲鹰被肆意捕猎，几近绝迹。就在人们认为美洲鹰不可能再出现之时，美国有个的名叫阿·史蒂文的。从专门研究美洲鹰，他在南美安第斯山脉的一个岩洞中，发现了濒临绝迹的美洲鹰。更让人感到惊奇的是，岩洞中岩石都是奇形怪状的，石与石之间的最大距离仅有 15 厘米；最狭窄之处，两块岩石是紧贴一起的，有的岩石尖锐地犹如钉子，有的则薄似刀片。就连麻雀都难栖身，更别提体型庞大的美洲鹰了。

它们究竟是怎样生存下来的呢？经过观察，科学家们才发现，在美洲鹰穿过缝隙的瞬间，它们的翅膀是紧紧地贴在肚子上的，双脚也是直直地伸到尾部，头和脖子保持一条直线，庞大而布满老茧的身体刹那变成一根软而柔的"面条"，从而轻松地做到令人无法想象的事。

为了躲避人类的猎捕，美洲鹰集体逃到这样的岩洞中，为了适应生存，它们努力地使自己巨大的身体穿过岩石之间的狭小缝隙，一次次的受伤，然后改变，最终以自己身上的老茧防御了岩石的摩擦，庞大的身躯也变成了一条柔软的直线。它们无法改变狭小的岩洞，却能改变自身，进而获得新生。

再举一例，在生物学中，有一典型的实例可以用来说明适者生存，即工业区桦尺蛾"黑化"的现象。桦尺蛾生活在欧洲。一般正常的桦尺蛾是灰白的，夜晚会出来活动，白天则栖息于树上，它的体色与树干的颜色极其相似，可以保护它们不被天敌发现。19世纪，英国因工业化被严重污染，工厂烟囱排放大量煤烟，树干上浅灰色的地衣被污染致死，原先浓密的树干地衣都变成了黑色。桦尺蛾的栖息环境被迫改变了，原本的保护色在新环境中消失了。因此灰白色的桦尺蛾被大量捕食，而原来很容易被发现的黑色品种却逃过一劫。自然选择的作用导致浅色的桦尺蛾被黑色的取代。在工业化的作用下，适应了新环境的黑色桦尺蛾被保留下来，1985年，第一只黑色的桦尺蛾被发现之后，直到19世纪末，黑色品种的比率是95%，而浅色的则由99%下降到5%，或许还会更少。可见，对环境的适应，是生物生存的重要保障。

在适应自然环境上，人与动物既相同，又不同，不同之处体现在首先人类还学会了借助外力适应新的变化，这是一种人为的培养，亦是人类教育中的重要环节。我们应学会适应周围环境，即使再恶劣的环境，也不能因此而怀有脱离这个世界的心态，不可坐以待毙。一个人若要想良好的环境，首先要将自己的"主观环境"进行优化，克服自身的缺点及弱点。人与人之差，也在于对环境的适应能力，很多人能快速地适应外部环境；而有的人则被环境所影响，成为牺牲品。若身处不好的环境之中，切莫对环境做无谓的抱怨，而是要积极地创造条件去适应它。我们应该积极地适应周围的环境，融入其中。在无法改变环境时，我们唯一要做的就是去适应它。

关于发明鞋子的典故，相信很多人都知道，鞋子还没被发明之前，人们都是赤脚走路的，还要忍受脚被扎被磨的痛苦。在某个国家，有位大臣，他为了让国王高兴，就将国王的所有房间都铺了一层牛皮，每当国王踩在牛皮上，就觉得脚很舒服。

国王为了能使自己无论去哪儿都能舒服，就下令将全国的路都铺上牛皮。大臣们听了这话，都眉头紧锁，这是一件难于登天的事情。即使杀了全国的牛，也无法凑齐铺路的牛皮，并且由此而花费的时间、金钱、人力、物力不知凡几。就在大臣们为如何劝说国王改变主意而发愁时，一个聪明的大臣对他们说："可以试着将国王的脚用牛皮包起来，然后用一条绳子加固，这样国王的脚就不会饱受痛苦了。"国王闻言觉得很可行，就试了一试，效果还不错，于是就收回成命，鞋子就这样被发明了。

全国各地都铺上牛皮，即便是国王也难以办到，但是用牛皮把脚包起来任何人都能办到。自我调节和适应环境，其实是很多人都要面对的人生课题。人生活在社会之中，不可能完全能够按照自己的意愿做事，也不可能让环境来适应自己。

我们在很多时候都无法选择环境，且因有限的条件，外界的环境也无法符合我们对环境的要求，所以最好的办法，便是我们进行自我调节，然后适应环境，对外界的一些环境条件养成习惯。

　　有个总是怀才不遇的人，他终日哀叹，感觉自己毫无用武之地，因此，他求助于智者。

　　智者沉思了很久，最后装了一瓢水，问他："你觉得这水是何形状？"他摇了摇头："水怎么会有形状？"智者不语，将水倒进了杯子，他看后恍然大悟道："我懂了，水的形状似杯子。"智者依旧沉默，将杯子中的水倒入了花瓶，他便说："水的形状像花瓶。"智者闻言摇了摇头，将花瓶中的水轻轻倒入了盛满沙土的盆中。水瞬间被沙土吸收，不见踪迹。那人陷入了沉思，智者抓起一把土，感叹："你看，水就这样没了，这便也是一生！"

　　对智者的话思考了很久，那人高兴地对智者说道："我懂了，您是想通过水告诉我一个道理，社会环境就像各种容器，而人应该就如同水，被装进什么容器，就得是什么形状。并且，人很可能会像这水一样，在一个规则的容器中消失，突然而迅速，我们无法改变一切！"

　　我们只要活着，就必然要面对生存，若想更好的生存，我们就必须成为懂得适应的人。不论什么时候，懂得适应的人都能在具体行动时，打破陈规，懂得随机应变。人与人之间的差别，就在于是否有适应能力和自我调节能力，而后者则是前者的前提基础。我们不能改变环境，就只能主动地去适应它。成功总是对那些积极进取、工作认真的人特别青睐，那些终日只知发牢骚，自认屈才的人，不但无法得到认可，还会被环境所淘汰。

第七节　心若向阳，何惧阴影

在与敌军作战时，拿破仑遭到了顽强抵抗，军队损失很重，形势异常严峻。拿破仑也因一时不察掉进了泥潭，浑身都是泥巴，着实狼狈。但是他浑然不觉，心中坚定着一定要打赢这场战争的信念。只听他大吼一声"冲啊！"士兵们看到他那副模样，都忍不住哈哈大笑起来，与此同时也被其积极自信心态所激励。霎时，战士们各个奋勇向前，最终取得了战斗的胜利。

明亮的眼睛，灵敏的耳朵，能言善辩的嘴巴，灵巧的四肢是每个人都拥有的，少了其中任何一样，生命的道路上都会留下遗憾。但是依然有人会遭此不幸，他们凭借自己坚强的意志，实现自己的人生价值。唯有真正经历过苦难的人方懂得珍惜幸福来之不易，珍惜人生。有句话在此处用再合适不过："上帝在为你关上一扇门的同时，也会为你打开一扇窗。"之所以会说这句话很合适，是因为有篇"世界上第一个用脚弹钢琴的人"的报道。故事的主人公令人感动，将其写进文字，是希望能够激励所有的人都能看到希望，从而鼓起勇气，积极地走向未来。

人称"无臂钢琴王子"的刘伟，在 10 岁时跟小伙伴们玩捉迷藏，因为意外触电而失去了双臂。此后，他便学会了用脚打理自己的生活，23 岁时进入了北京残疾人游泳队。两年后，在全国残疾人游泳锦标赛上，刘伟获得了两金一银。高三时，成绩优异的他毅然放弃高考，选择了音乐，成为世界上用脚弹钢琴的第一人。"我是因受人一句鼓励走到今天。我在康复治疗时，遇到了来医院就诊的市残联副主席刘京生，他同我一样没有双臂，他在给我示范怎样洗脸、刷牙时，我问他是否能写字时，他用笔写了一句话给我，'拿起笔，你能做得更多'"就是在这句话的鼓励下，刘伟利用半年多的时间学会了用双脚生活，还学会了写字，发短信的速度也不比一般人慢。他说："我觉得我的人生只有两条路，要么死，要么精彩地活。没有人规定必须用手弹钢琴。"很多人都被这句话所感染。

巴尔扎克说过：世界上没有永远绝对的事情，结果也是因人而异的。困苦对于有能力者而言是一笔财富，对弱者而言无疑是地狱。坚强的人能迎着命运的风暴艰苦奋斗，而意志坚强的乐观主义者也会用"世上无难事"来激励自己，越遭遇悲剧打击，就越表现的坚强。

否极泰来，乐极生悲，福祸相依，失去有时并不意味着真的失去，反之，得到也不一定是真的得到。刘伟的事迹告诉人们一个道理：在梦想和兴趣面前，每个人都是健全的。即便是没了双臂，依然可以用坚强来打造自己的羽翼。生活中，人们总会遇到各种不顺心的事，但是不要悲观，也许幸运就在不远的前方。我们要保持乐观积极的心态，磨难终会变成财富。所谓失之东隅，收之桑榆。

生活中有太多的得失，无法斗计，难以丈量。"否极泰来""因祸得福""福祸相倚"等词，都在说明世事无常的道理，悲喜难分，坏的事情可以变成好事，好事也可以变成坏事。

人生的苦难在所难免，所以在苦难中依然保持微笑是一件很艰难的事。但是很多成功者的经历告诉我们：苦难乃人生之师，苦难降临时你依然能勇敢面对，那么等待你的将是璀璨明天。挫折能磨砺人的韧性，逆境乃宝贵的锻炼。只有经受住环境考验之人，方能成为强者。自古之伟人，多是拥有坚韧不屈精神的人，他们在逆境中拼搏奋斗。每个人都会遇到挫折，挫折越多，战胜它的心理也就越强烈。所以，当你遇到困难时，切莫退缩，勇敢地克服它；失败了，也不要放弃，从头再来一次；遇到苦难，不要抱怨，而是勇敢地与其抗争。

海伦·凯勒就曾说过："世界上虽然很多苦难，但是苦难是能被战胜的。"张海迪也说："人生的道路上，每个人都会遇到挫折和困难，但看你能否将其战胜。胜了，你便是英雄，便是生活的强者。"

有一个人，"没意思"是他经常挂在嘴边的一句口头禅。跟他一起出去玩，看到有意思的东西指给他看，他的回答永远都是：没意思。因为高压的工作，快节奏的生活，造成了人们心理上有越来越多的不快。很多人都会如同那位朋友一样产生烦恼、郁闷、孤独、忧郁、沮丧等一系列情绪，这些都是因为思想消极造成的。当人们在对生活感到失望时，沮丧是很难免的，抱怨几句无可厚非，但调整心情，继续开心地生活。不仅如此，将快乐分享给每一个人，你会得到更多的快乐。

俗语有云：人生不如意事十之八九。只知一味地陷在不如意的忧虑中，只能让不如意变得更糟糕。一味地悲观弥补不了任何事，为何不用积极的心态享受人生呢？

保持积极的心态，若是这种方法不可行，那么就转变一种方式，转换一种心情，也许你会发现更大的惊喜，收获更大的成功。如同拿破仑·希尔所言："积极的心态需要一再地实践和学习。就好比打高尔夫球，可能在某一瞬间你能打一杆好球，就自以为掌握了它，但在下一秒，你可能连球都击不中呢！每一天我们都在学习，用以克服自我，并将自己的思维方式导向正途。"

有一位父亲，他想改变一对孪生兄弟的性格，只因他们中一个积极地过分，一个又极其悲观。一天，他给那个悲观的孩子买了很多色泽艳丽的玩具，另一个积极的孩子则是被他送进了一间满是马粪的车房。翌日清晨，父亲看到悲观的孩子正在抽泣，就问他："为何不玩那些玩具？"

"玩了它们会坏掉。"孩子依然在抽噎。父亲叹了口气，去了车房，却看到积极的孩子正兴奋地在马粪里掏着什么东西。"爸爸，告诉你，"孩子很得意地对父亲宣称，"马粪里面肯定还藏着一匹小马！"

有位智者曾说过："天性积极的人，知道如何在逆境中寻找希望；而生性悲观的人，只会叹气，从而失去希望。当一个人懂得了生活的乐趣，那么他就会感受到生活为其带来的快乐。"他还说："烦恼多的人，一点点小事都能将其困住；要想解脱，天塌下来都无法阻止他。"同一件事，视角不同，持有的心态也截然不同，那么最终形成的看法就千差万别。

拿考试失利来说，悲观的人只会想到最坏的结果，就会陷入忧郁、沮丧、绝望中而不能自拔；而积极的人，则会将其视为机遇，总结经验，审视自己，然后重新制定目标，走向新的人生。所以这两种人的结局是截然相反的。而很多的研究也证明，积极的心态，能让人享受更加美满的生活。

从前有位秀才，他第三次进京赴考，住进了他曾经住过的客栈。考试的前两天，他做了三个梦：第一个是他梦见自己在墙上种白菜，第二个是他梦见下雨，他戴着斗笠还撑着伞，第三个是他梦见自己跟心爱的表妹脱光了衣服躺在一起，却是背对着背。临近考试还能做这样的梦，秀才想着肯定是别有深意的，于是去找了算命先生解梦。算命先生闻言，拍着大腿说："你还是收拾东西回家吧。你想啊，高墙上种白菜明摆着是白费力气，而戴着斗笠还打伞明显是多此一举，跟表妹脱了衣服躺在床上，却是背对着背，这不就说明你们两人是没有结果的吗？"秀才听了之后，陷入了绝望，于是便回客栈收拾行囊准备回家。客栈老板为此很是诧异："明天才考试啊，怎么今天就要回去了呢？"秀才便将他做的梦说与老板听，老板闻言大乐："哈哈，我也会解梦啊。在我看来，你此次定能高中。你想，墙上种菜不就是'高种'吗？戴斗笠还打伞那说明是双保险啊！跟表妹脱光了衣服背对着背躺在一起，说明你翻身的时刻到了啊！"秀才听后，深觉有理，因此振奋精神去参加了考试，果不其然中了探花。

拿破仑·希尔指出："人与人之间的差异其实很小，但这个很小的差异又能被放大无限倍，形成巨大的差异！"所谓很小的差异，就是指具备的心态是消极的还是积极的，而巨大的差异则是成败与否。心态是成功者的首要标志，一个人若是持有积极的心态，积极乐观地面对人生，积极地迎接挑战和对抗麻烦，那么就说明他已获得了一半的成功了。

悲观和积极不仅只是性格与态度的区别，更多的是人生智慧之差异；想要培养自己积极乐观的性格，就要懂得换位思考。

有一位老太太，她有两个女儿，大女儿卖雨伞，小女儿则卖草帽。晴天的时候老太太为大女儿发愁，下雨天又为小女儿感到忧虑，所以她总是愁眉不展。邻居都笑她："你晴天的时候想想小女儿，下雨天时候就想大女儿，不就能让自己开心了吗？"老太太听了邻居的话，从此之后她的每天都很快乐。

　　积极对于人生而言，有如地平线上冉冉升起的太阳，它带俗人光明和希望，是觅得一份豁达与幸福的伏笔和源泉。让阳光照耀我们的生活，用积极的心态迎接挑战，驱走我们生活中的阴影吧！随时怀有积极的心态，做一个健康积极的人，懂得享受生活，你将拥有一个幸福而积极的人生！

第八节　请允许别人比你优秀

　　《三国演义》相信很多人都看过，而周瑜更是众所周知的人物，他卓尔不凡，才智过人，但他却有一个致命缺点：心胸狭隘。他不允许别人比他优秀。对于比自己聪明的诸葛亮，他永远无法释怀，总是想要杀了他，却又总是略逊一筹。诸葛亮针对他这一致命弱点，设计了"三气周瑜"的谋略，使他"怒气填胸""金疮迸裂"，这位文韬武略、才智超群的东吴大都督最终落得"赔了夫人又折兵"、吐血身亡的下场。在他死前依然发出了"既生瑜，何生亮"的慨叹。然而，他的此句遗言，其实真实地再现了他的妒嫉心理。周瑜没有反省自己的军事才略，而是嫉妒诸葛亮比自己聪明，最终导致他英年早逝。

　　每一个自尊心强的人，都会争强好胜，希望自己比别人优秀；尤其是身为一个强者，就更无法忍受别人比自己强。然而，这种心理是不健全的，古语有云："天外有天，人上有人"，比自己优秀的人总是会出现。青少年若要更深入地认识自我，就必须学会接受别人的优秀，以免产生嫉妒心理。

接受别人比自己优秀，不要嫉妒。

现实生活中，每个人的心里都多多少少地在妒嫉比自己优秀的人；嫉妒别人比自己幸福；嫉妒别人比自己富裕；嫉妒别人做了高官……攀比让人产生不平衡，而这种不平衡又促使人去追求另一种平衡。假如在追求另一种平衡之时，能够不损人利己、不失去良知，能够自觉地接受道德约束，从而通过自己的努力去实现自己的价值，以此达到一种新的平衡，那么这个人是成功的；如果在追求新的平衡时，丧心病狂、不择手段地让自己处于一种失控状态，那么其最后只能是自食恶果。

一个善妒的人，是无法容忍他人比自己优秀的，他们的天性决定了他们的自我世界只能有自己。若是别人比他强，他们就会产生危机感，觉得自己成为了陪衬，他们无法接受，因此会感到焦虑、心神不安，更有甚者生活都无法继续。实际上，嫉妒只是一种自我折磨，是借他人的优秀来折磨自己，别人没有任何感觉，自己却因此而陷入痛苦中。很多青少年在生活中都有这种心理：嫉妒别人长得好看，嫉妒别人器宇不凡，嫉妒别人成绩优秀，害怕自己被超越；当别人取得成就或受到赞美时，自己不但不懂得虚心学习，反而在背后说人坏话。总而言之，拿别人的优秀来自我折磨，打乱自己的心智，不仅会影响判断力，还会自我迷失，最后乱了方寸，失去方向。

每个人都有他人无法企及的优点，与其只知道嫉妒别人，不如接受别人的优点，想办法改变自我，尽最大所能让自己更加幸福。

面对别人的优秀，提高自己。

接受别人比自己优秀，并不意味着什么都不做，而是要努力进取，用某一方面的成绩来弥补自己的缺陷，从而让失衡的心理天平上保持平衡。比如说，若是学习上比别人基础差，那么通过课外活动、社会实践、体育活动等，可以用意志、勇气和非凡的体能向人证明自己的能力，从而获得特殊的优越感来驱赶自卑。具体而言，在日常生活中，青少年可以从以下几个方面提高自己：

学会胸怀大度，宽厚待人。作为青少年，可以通过努力来完善性格，提高心理素质，以积极健康的心态迎接生活。换而言之，就是要有容人的肚量，有宽广的胸襟。每一个人都有自己的长短处，不能因为自己有缺点就哀求别人不要超越自己，也不能因为你的优点而去妨碍他人进步。

客观对待别人和自己。人非圣贤，人无完人。一个有肚量和素养的青少年，在表示对别人的不服时，可以是将不服变为动力，让自己产生一种竞争意识，集中注意力提高自己，提高自身修养，在追赶别人的同时也超越了自己。反之，若是总一味地嫉妒别人，嫉妒心理就会变成一种精神负担，于人于己都无益处。

充实自己的生活。现在的青少年，学习的氛围都是很紧张的，唯有生活充实而有意义，才不会胡思乱想。也可以借助业余爱好来放松自己，比如跳舞、下棋、唱歌、学习书法等，找知心朋友或亲人痛快的倾诉，也是绝佳途径，可以此放下心灵的重压。

自我安慰与自我反省。最好的自我安慰法，就是阿Q精神胜利法。所以，对于他人的长处、成绩要由衷称许，切莫想着贬低比自己优秀的人。要时刻记住，别人的成功也是靠打拼获得的，自己若想要同样的成功，唯有付出双倍的努力。蓄意诋毁别人，只会让自己的心情和声誉更坏，既不利人，也不利己。

减少虚荣心。作为青少年，最好能减少自己的虚荣心，脚踏实地地学习。

其实，虚荣心只是一种扭曲心理，以追求无谓、虚假的荣誉。爱面子、不想别人超越自己、抬高自己贬低他人，这些都是虚荣心的表现，是因心理空虚所致。所以，当意识到自己有虚荣心时，不妨反省一下，这么做是否有必要。

加强个人修养，培养良好的情操。在生活中，青少年应多读一些有奋进力和号召力的书，多看名著和名言警句，关注先进人物的事迹，体悟做人道理。唯有具备了良好的心理素质，方能独自面对漫长人生，从而做到不骄不躁，即使失意，也能坦然面对，这样才能走向成功。

要学会接受别人比自己优秀，但同时也不能对自己比别人差的现实安之若素。青少年要立志追赶别人，甚至在某些方面略胜他人。贝多芬曾说过："要扼住命运的咽喉。"很多有所作为之人，都曾这样思考过：对于自己来说越是艰难的事，就越要去尝试；越是别人比自己强，就越要超越别人。正是如此，才造就了一个又一个璀璨的时刻。

第九节　身体或灵魂，一定要有一个在路上

凯撒在率领他的军队登陆英国时，没有给手下留任何的退路。他要让他的士兵们知道，这次进军英国，要么胜，要么死。因此，他当着所有士兵的面，烧了所有的船只。

成功的秘笈，通常都是如此，要敢想、敢做，不给自己留退路。规划生涯在很多人看来，往往都是刻板、压力大、不实用、不仅是唱高调还很难做到……它仿佛只是一份文字作业。然而，若是愿意用轻松的心情和实际的方法去规划生活，那么它将与生命"同在"，不知你是否愿意一试？

在金字塔型的社会结构中，毫无疑问地站在塔顶的人必然是成功者，其人数最少，却都是社会、国家最为杰出的人士，他们是政治家、哲学家或企业家，他们可以分享自己的经验，让后人得益。其之后便是成功人士，较之杰出人士他们略逊一筹，但他们有自己出众的一面，比如各行各业的精英。第三层则是为工作而活着的人，他们对工作报以极大热忱，不计较收入，只为理想。第四层是为了生活而疲于工作的人，这类人占大多数。

为了逐年增长的薪酬，为了担心不适应新工作，为了养家糊口，他们模糊掉了人生规划的意义。

第五层则是"随便"的人。在一段采访中，出现了这样一段对话。甲乙两人是好朋友，同在一家公司上班，下班时，甲对乙说："这份工作我再做下去也没什么前途，太没意思了。"乙说："既然没意思，何不换工作？"甲随口便说："随便。"

敢问，这种人是不是最可悲的一类人？

第六层也即站在金字塔最底层的人是轻言放弃的人，他们自甘堕落，不断地放弃生活。最明显的例子便是，天桥上、地下通道中的流浪者和乞儿，看到他们，也许很多人为他们感到难过，四肢健全为何要不思进取，只想得到路人的同情和施舍，比起那些手脚残疾了却依然努力生活的人，他们难道不应感到羞愧吗？

是以，遇到前者，很多人都会说："你这样下去不行，为何不找份工作，你完全能够依靠自己的力量养活自己？"不知这些"劝谏"的效果如何，但是，为这种自我放弃的人感到真正的悲哀。

通过这六种人的分析，想想自己是何种人？而自己期望的又是做哪一种人呢？

记住，只要愿意努力攀登，就一定能够爬到顶端，社会是公平的。每个人都应妥善地规划自己的人生，而不是随波逐流，漂到哪就是那儿。学会了把握自己的命途，也许就有那么一天，你会成为自己命中的福星！

舒伯是美国著名的社会心理学家，他曾就把人的成长期划分为以下几个阶段：

0—14岁成长阶段：在此阶段，孩子有很高的可塑性，相对依赖性也很重，常常都会用哭闹的方式对父母长辈提要求，以满足需求。他们有强烈的好奇心，喜欢以冒险探索之心来寻求自己想要之物。

15—24岁探索阶段：在此阶段，青少年遍过学校的活动、社团休闲活动、打零工等机会。对自我能力及角色、职业作了一番探索。

25—44岁建立阶段：在此阶段，这个年龄段的人都在为事业、感情、家庭以及经济打拼，此时的他们正日趋成熟。

45—65岁维持阶段：此时他们的各项人生大事都已得以确定，事业稳定，儿女们也都已成长，他们正处在人生的收获季。

65岁以后的衰退期阶段："夕阳无限好，只是近黄昏"，在经历了无数个人生高潮后，他们的身体器官开始退化，也会滋生很多病灶。此时，他们对于子女的依赖会很重，希望被陪伴，对儿女的要求也日渐增多，在人格的转变上似乎又退回到第一阶段。所以说"老人像小孩"，这句话并不是没有道理的。

因此，舒伯从这个循环中确定，人从生到死，这个过程是互相扶持，相互依存的。以这样的理念结合人生规划，你所规划的正是未来整个人生的格局，5年、10年、20年、甚至退休后的生活。

为何企业要聘用你？因为它对你的工作能力有依赖性；你又为何要去公司上班？是因为你的物质、精神生活都需要依靠它满足。所以，在规划时，刻板的方式是不被采纳的，而是要在人际关系的角色上推理。你必须在规划的过程中受到他人的帮助，而你同样地也要去帮助他们，如此一来，规划方有意义和价值。

很多企业家曾说过他们在 10 年、20 年后想当慈善家，然而，当 10 年、20 年甚至更久的时间过去，他们依然还是商人，离慈善家很遥远。因此，当你在规划人生中最想实现的目标时，你所从事的事业最好与目标有关，而非只是假设或虚构一幅几十年后的图景，从未想过要去付诸实践。

再举一例，这是一个真实的故事：一个男人，20 岁时进入了一家银行，因为工资很高，所以他很满意；但是第三年开始，每天重复的固定工作让他心生疲倦，因此有了换工作的想法。但是这时他结婚了，经济压力也重了。因此他想：换了工作也许就没有这般好的待遇了，还是忍着吧！过几年再说。

两年后，他的妻子生了孩子，家庭的开支更大了。他又对自己说：再熬一段时间，等孩子长大了，我再换工作好了！

10 年之后，他的孩子长大了，但随之而来的学费压力，促使他只能安慰自己：生活嘛，总是这样，等以后退休了，总会好的。为了这个家，我已经不指望了，梦想都被摧毁了，但是退休之后，至少可以不再为工作烦恼，也可以带着妻子四处走走，也许还可以换个好的房子。

当他快退休时，在一次逛商场时，看中了一套很喜欢的西装，很想买下，但一看标价，竟然要 6000 元。想了想还是算了，心想：家里还有两套呢，而且退休后不用穿那么漂亮。于是继续逛着，又看到一件很喜欢的纯羊毛背心，但是价格是 4300 元。他随即又想到：反正冬天就快过去了，还是不要浪费了。

故事的结局不用再描述大家也能知道。

现在的年轻人，大都眼高手低，一心期望自己未来能出人头地，开创出一番属于自己的事业。但若你只是好高骛远，不是即刻去规划，那么理想再美也只能是海市蜃楼。画大饼式的空谈，只能是纸上谈兵，毫无用处。

若是想做事有效率，就要"想做就做"，养成"想做就做"的习惯，唯有如此才能随时创造自己的新成绩，今日事今日毕，才能办妥所有事情。这种不拖泥带水的感觉会让你的生活更加充实，更加顺畅。

第十节 任何借口都不是理由

　　西点军校是美国著名的军校,它有几句名言:"报告长官,是。","报告长官,不是。","报告长官,不知道。","报告长官,没有任何借口。"这四种回答是西点军校的学员在遇到长官问话时的回答。除此之外,不再多说一个字。而西点军校200年来奉行的重要行为准则是"没有任何借口",这是每一个新生都会被传授的第一个理念。

　　事实上,在日常生活和工作中,亦是相同之理。生活就是一个遇到麻烦、解决麻烦的过程,若我们怀抱享受的心理,那么麻烦和困难都是一时之苦。因此"要成功不要借口,要借口不要成功"很有道理。

　　人们在承认错误和担负责任时,通常总是满怀恐惧。因为认错和负责总是与惩罚连在一起。一些不负责任的员工在面对出现的问题时,总是第一时间将责任归于他人或外界,总是会找各种理由和借口为己开脱。但是在管理者看来,这些借口都是无用的,既无法掩饰已然出现的问题,也不能减轻责任,更无法解决问题。

失败的人其主要原因是不愿意对自己负责。人们总是在找借口，认为是外界和他人的原因导致自己无法成功，不是客户太难缠，就是老板太坏。这些失败的人，每天都在抱怨。习惯找借口的人，总是会认为今日之现状是难以解决的，其实不然，过了今天，明天还会有更多的问题，因为生活是变化发展的，而借口是永远有的。

不寻找借口，即敢于担负责任；不寻找借口，即不轻言放弃；不寻找借口，即锐意进取。莫让借口阻碍成功，借口也是推卸责任的一种表现。

有一名奥运马拉松选手，在比赛时，他的成绩是倒数第一，但是他的名字却永远印刻在人们脑海中。一个凉爽而漆黑的夜晚，在墨西哥市，坦桑尼亚的奥运马拉松选手艾克瓦里正吃力地跑进体育场，他是最后一名抵达终点的选手。优胜者早已领完了奖杯，而庆祝的盛典也已结束，所以艾克瓦里在抵达体育场时，整个体育场只有他孤身一人。他双脚满是血污，缠着绷带，他绕着体育场努力地跑了一圈之后到达了终点。体育场的一个角落，身为国际纪录片制作人的格林斯潘目睹了这一切。随后，格林斯潘走向艾克瓦里，问他："你为何要如此执着而又吃力地跑到终点？"艾克瓦星回答："我的国家从两万多公里之外将我送至此处，不是让我在这场比赛中起跑的，而是派我来完成比赛的。"

在借口和责任之间，选择借口还是责任，体现的是一个人的生活和工作态度。只要你习惯了找借口，就不会愿意去努力改变自己；习惯了逃避责任，就会放弃自己理应承担的义务。一个人若选择了担负责任，也意味着他选择了克服逆境，愿意为实现预期地结果而承担责任。当一个人选择对某事负责，那么就说明他对此事有了承诺，就会愿意自觉的去履行承诺。艾克瓦里的责任就是跑完比赛。因此，他不会让自己放弃，更不会找借口。他要担负自己的责任，因此他也赢得了大家的尊敬。

每个人都应重视责任，对工作负责就是对自己负责。一个没有责任感、毫无责任意识的员工，不但会给企业带来损失，也会影响自己的职业生涯。相反的，若一个员工敢于负责，那么他能不仅得到领导的信任，还会给自己的事业带来好处。

她是一家大型建筑公司的预算员，跑工地、看现场是家常便饭，为不同的老板修改工程预算方案更是常事。她是预算部门的唯一一位女性，但是爬楼梯、去工地、去地下车库，她都毫不迟疑，朋友们都戏称她为"战士"。

不久前，老板要求她给一位客户做预算方案，时限两天，这是一件常人很难完成的事。在接到任务后，她立刻开展工作，两天的时间，她跑遍了各大建材市场，调查各种材料的价格，搜寻资料，请教前辈和同事。两天之后，她交给老板一份完美的预算方案，得到了老板的肯定。由于此次出色的表现，她如今已是公司部门主管。之后，老板对她说："我知道给你留的时间有点紧，但是我们必须要尽快地制定出预算方案。你的表现我很满意，而我欣赏的就是你这样不找借口且工作主动的人！"

上天是公平的，因为最大的奖赏最后总是落在能尽职尽责之人的头上。敢于承担责任是一种态度，而工作不仅需要热情和努力，也需要勤奋和行动，更需要一种自动自发、积极主动的精神。懂得自主工作的员工，会得到工作给予他的最大奖赏。努力工作，一切优劣自有评断。人们总是从外界来为自己寻找开脱的借口或理由，不是抱怨待遇不好、职位不高、环境太恶劣，就是抱怨同事不友好、上司或老板不够好等，却从未扪心自问：我努力过了吗？这份工作我付出了吗？

曾是纽约中央铁路公司总裁的佛里德利·威尔森，在一次采访过程中，被问及如何才能让事业成功时，他的回答是："一个人，无论他是在挖土，还是在大公司，都会自认工作是神圣的。无论工作的环境有多艰苦，或者需要多么艰难的磨练，都能始终如一地以积极负责之心态去面对。唯有怀抱此态度，方能成功，也一定能达到目的和实现目标。"

人们总是渴望成功，讨厌失败。殊不知，成功的障碍，或是导致失败的因由也许就在自己的心中。只有发现这个陷阱，走出误区，才能避免失败，走向成功。

其实，借口就是一张"挡箭牌"，用来敷衍别人，原谅自己；它也是一块"遮羞布"，用来掩饰缺陷和推脱责任！是借口让人摆脱暂时的困难和责任，得到心灵的些许欣慰，然而，借口的代价却是昂贵地无人能支付，它所造成的危害比任何恶习都要严重！

为自己找借口的人，永远都只会墨守成规，他们没有创新意识，更不会自动自发的去工作，所以，期待他们能有创造性的表现只能是痴心妄想。借口只会让他们沉溺在经验、规则和思维惯性的漩涡中无法自拔！

第三章
不看众生看我心

第一节 了解真实的自己

　　济慈是英国的一位著名诗人，在他成为诗人之前，他学的是
医学，后来无意中他发现自己在写诗方面很有天赋，便弃医从文，
改行做了诗人。在写诗的过程中，济慈是用生命在创作，他投入了
全部身心只为写诗。然而，天妒英才，这颗明星早早地便陨落了。
但是，即使是如此短暂的二十几年，济慈却为世界诗坛、为人类留
下了永垂不朽的动人诗篇。

　　作为青少年，能否正确而全面地了解自己，对于他以后的生活和发展而
言，都有着极为重要的意义。若是无法了解最真实的自己，那么就会很容易
地失去生活动力，一遇到挫折和失败，就会手足无措，完全不知该如何是好；
唯有正确而全面地了解真实自我，一个人才能得到健康而良好的发展。

　　了解真实的自己才能良好地发展。

　　或许你曾经也有过如此困惑："有的时候，我感觉自己非常棒，什么都
难不倒我；但是有的时候，我又感觉自己很笨，一件简单的小事都做得一塌

糊涂。到底我是聪明的还是笨的呢？"有这种感觉那说明你还没有真正的了解你自己。

人的一生中，最该关注的就是自己。常言道：一个人的最大敌人，非自己莫属。所以，如果想要战胜和了解这个最大的敌人，你首先要做的事就是了解最真实的自己，认清自己，对自己进行客观公正的评判，将自己的定位搞清楚。

所谓了解自己，就是要客观公正地对自己做一个评价，既不能对自己的评价过高，也不能太过看低自己；所谓了解自己，就是要将自己的优势、劣势充分地进行整体而客观地分析，还要对自己的不同于他人方面的发展潜力做一个充分的认识；所谓了解自己，就是能够清晰而准确地知道自己的理想是什么，自我价值在何处，兴趣爱好又是什么，有多少能力，性格又如何，只有对自己的有了充分的认知，方能全面而真实地了解自我。

年少的时候，马克思的理想是做一名伟大的诗人，他写过一些诗，然而很快，他发现在诗坛这片天地中，他不能算是出众的，并且他还发现自己的长处其实并不在此，于是就果断而坚决地将诗人这一理想放弃了，转而投入到研究社会科学方面，事实证明，他在这个领域是强者，是他人无法企及的，并且最终他取得的成就是斐然的。

想像一下，如果上述两位世界大师都没有真实而全面地了解自我的话，那么英国文学史不会有济慈这么一位璀璨而夺目的诗坛巨星，而世界国际共产运动史上也不会有马克思这样一位伟大而光彩耀人的导师；相反的，如果他们两人都按着自己原先的人生轨迹来走，那么最终的结果不过就是英国的某家医院多了一位并不怎么高明的外科医生——济慈，而德国则是多了一位不怎么出彩，也许从未被人所知晓的诗人——马克思。由此可知，了解自己何其重要！所以，从此刻开始了解自己吧！跟随自己内心最真实的感受，不论做任何事都脚踏实地地去完成，将一切不切实际的、好高骛远的想法都从内心剔除出去吧！

相传在三千多年前，希腊帕尔那索斯山的南坡上，矗立着一个声震整个希腊世界的戴尔波伊神托所，它其实是一组石造建筑物。而在这个神托所的入口，有一块石头，上面就刻着一句这样的话：认识你自己！相同的，在我国古代，睿智的先人也曾说过类似的话语："人贵有自知之明"。

诚然，一个人若是想要真实地了解自己、认识自己，难如登天。而一辈子都不曾了解自己而浑浑噩噩、无所作为的人不胜枚举。在当今时代，有很多的人都是因为对自己不甚了解，也没有对现今社会中的现实情况做一个充分的了解，所以承受不了一点点的打击、挫折，遇到困难，就立刻陷入失望、抱怨、苦恼的境地不能自拔，终日彷徨，甚至无所事事地浪费大好时光，在唉声叹气中浪费生命。所以，青少年一定要趁早而及时地认识自己，客观而真实的地自己作出评价，切莫在彷徨、犹豫中虚度青春，浪费生命。古语有云："知己知彼，百战不殆。"西方谚语有言："只有自己的鞋子，才能知道紧在哪里。""不会评价自己的人，就不会评价他人。"希腊也句古话："世界上最困难的事情，就是对自己作出评价。"由此观之，了解自己其实是人生的永恒命题，从古到今，人们都对它给予了高度的重视。

那么，青少年又该如何才能了解自己呢？

作为青少年，在了解自己的时候，一方面要对自己的心理进行充分地了解，因为了解心理往往不能如同测量自己的血压那样简单，也无法像测量身高一样有一个客观的度量衡，就算是借助了一些心理小测试，一般人也很难掌握。另一方面，就是要持之以恒。很多时候，青少年总是缺乏耐性，尤其是对于了解自己这一方面，他们总是无法坚持到底，所以"当局者迷"的情况时有发生。那么，青少年要怎么做才能真实而客观的认识、了解自己呢？具体而言，可以通过以下几种方法：

自省法。在生活中，青少年可以通过自我反省、自我检测来了解自己。自省其实是人的一种自我的体验，从过去的重大事件中，青少年可以从中汲取经验和教训，并从中发现自己的不足和优势，从而对自己的个性和能力有一个客观而充分的了解。

二分法。所谓二分法，就是指青少年在进行自我了解时，不仅要充分地发现自己的优点和长处，还要对自己的不足和缺点做一个清晰的认识。对任何事物都要坚持唯物、辩证的看法和观点，进而扬长避短，把握好自己的短板才能更好的发挥长处。

评价法。人们在了解自己的时候，总是会很在意别人的评价，因为他人的比价总是比自己的主观反省来的更为客观。若是自我评价同他人的评价是相似的，那么就说明自我评价是较为客观而公正的；若是两者的差异相去甚远，那么就说明在自我认知上有着较大的偏差，需要进行调整。要注意的是，对于别人的评价，也不可偏信和偏听，要有一定的判断能力，以便更好地了解的。

比较法。青少年可以依据自己的真实情况，选择条件相当的同龄人，通过比较他们的为人处事的方法、对人对事的态度以及情感的表达方式等方面与自己的不同之处，以此来对自己做出评价，从而了解自己。在进行比较的时候，要是能找到自己在群体中的恰当定位，那么对于客观地了解自己就再好不过了。

　　对于青少年而言，了解自己实非易事，但是若要真的有一番作为的话，正确而真实的了解自己，其实是一个最为基本的要求。只有全面认识才能以此为前提，扬长避短，找准目标，抓住一切机遇和时间做好自己工作或学习，成就更完美的人生。

第二节 将你的优点发挥极致

　　美籍华人科学家杨振宁教授，曾获得过诺贝尔物理奖，他在年轻时，曾经留学美国，并立志要写出一篇实验物理论文，然而，直到后来，他才发现自己其实在动手能力方面是不出彩的，甚至可以说是很弱的。于是他便在导师的劝告下，放弃了实验物理，进而投身理论物理研究，并自此在研究理论物理的道路上越走越顺，终至成功。因此，假如你学会了对你的长处善加利用，那么你的人生必将因此而变得与众不同，且价值也会大大增加。

　　俗话说：金无足赤，人无完人。世界上的每一个人都或多或少地存在着各种各样的缺点，但是人生活在世界上，并不是为了掩盖缺点而活，与之相反，人应该是为了将自己的伏点发挥到极致而活。

　　尺有所短，寸有所长。

　　"尺有所短，寸有所长"，每一个人都有着属于自己的伏点和短处，不过，人生的秘诀之一就是发掘自己的潜力，善加利用自己的伏点，并且对伏点进行良好的经营。人的一生，犹如平面直角坐标系，横坐标和纵坐标便将你的位置决定好了。若是一个人站错了位置——选择用自己的短处而非长处来成就事业的话，那么结果可想而知，困难更是在所难免。也许最后你真的获得了成功，但是你为成功而付出的时间和精力却是比别人多了很多，其惨重的代价也许很可能是你不想再回想的，更甚者，你可能还会因你的错误选择而陷入悔恨之中不能自拔，它将永远折磨着你，让你终日不得消停。

从古至今，扬长避短就是走向成功的绝密之匙。擅于经营自己长处的人，都会懂得积极并充分地加以利用，并始终对自己的长处持有热忱，因为你的长处也许就是改变你人生、改变你命运的关键。

其实，在很多的时候，人们都会对别人所拥有的优点抱有羡慕之心，但是却无视了自己本身具备的长处和优点。事实上，即便是再蠢笨的人，都有属于自己的长处，正应了那句古语："天生我材必有用"。然而，决定自己人生是否与众不同就在于能否对自己的长处善加利用。但凡成功的人，都能根据自己的优势，确定自己的前进方向，从而不断进取最终取得胜利。所谓"生活犹如一本剧本，重要的不是长度而是精彩度。"青少年在人生的道路上，要学会如何善加利用自己的长处，进而经营它，给自己的人生不断地增彩。

将长处发挥到极致。

世界上的任何一个人都有着自己的优点，只要能够对自己的优点进行合理利用，对自己的伏点进行妥善经营，尽自己所能地讲伏点发挥到极致，那么成功的甜蜜果实必将非你莫属。

青少年切莫将自己的目光投放在自己的不足上，也不要紧紧地盯着自己的缺点不放，因为如果这样的话，会让思维在遇到不利处境的时候变得不堪一击也会在为自身定位和努力确定方向是感到迷茫，甚至会迷失方向。与其紧盯着自己的短处，不如尝试着增强自己的长处，充分地发挥自己所拥有的长处。如此一来，你的弱点就很可能因为优点的极致发挥而在一定程度上得到弥补，更甚者，弱项会因此而变得微不可见。人的一生中，并不是任何的技能都要学会并且掌握的，只要能够拥有其中的一项，进而更深层度的去对它进行挖掘，做到精益求精，并且能够在该领域颇有成绩，那么这对于你来说，将会终身受益。

美国著名的作家马克·吐温，他曾经的梦想是成为一名出色的商人。但是他成为商人的道路上尝尽了苦头。一开始，马克·吐温投资的是开发打字机，得到的结果却是入不敷出，并且最终还赔了5万美元，所有的资金都打了水漂，生意以失败而告终。再一次，当他看到出版商因为发行了他的作品而赚的盆满钵满时，他的内心是很不服且不平衡的，他也想得到这笔钱，所以他出资开办了一家出版公司。然而，经商和写作并不能相提并论，所谓"看花容易绣花难"，马克·吐温开办的出版公司很快就走向了末路，他陷入了绝境，最终以出版公司的倒闭而宣告结束，而他自己也因为巨额的债务而陷入了困境。两次的重大打击，最终让马克·吐温意识到自己并无商业才能，因此他放弃了经商的念头，开始了他的全国巡回演说。这一次，他发现了自己的长处并对其善加利用，凭借着自己的才思敏捷以及风趣幽默，他通过演讲和工作中重新找回了昔日的成就感，而那些巨额的债务也因此得以还清。

因此，青少年唯有将自己的长处充分地发挥到极致，在自己擅长的领域里专心、专力地做好自己的事，对自己的某些不足持以宽容的态度，学会接纳自己和他人，唯有如此，方能宽心地学习、生活，从而以开心快乐的心情度过生活中的每一天！

　　生活中，我们只有充分地利用和妥善地经营自己所拥有的长处，并将其发挥到极致，我们方能增值自己的人生；反之，若是一味地只知利用自己的短处，只会将自己的人生贬值。聪明的人大多数都能够将自己的才华和优点最大限度地表现出来，让自己成为一个有价值且具有永恒魅力之人。青少年如果一味地认为自己不行，什么事都做不好，而且缺乏尝试的勇气，那么只会让自己变得越来越怯懦，越来越缺乏自信，从而与成功失之交臂，对自己的整个人生产生极为不利的影响。

第三节　弱点并不一定阻碍成功

　　众所周知，著名的歌唱家卡丝·戴莉有着一副令人艳美的嗓音，犹如百灵鸟般令人着迷。但是，她却有着一口的暴牙，她为此一直很苦恼。因为，只要她一展现那美妙的歌喉，那一口十分难看的暴牙必定会出现在世人眼中。然而，即使如此，她对唱歌的热忱依然与日俱增，她从未想过自己会在某一天放弃唱歌，她一直在为自己的梦想而努力奋斗着。所以，她从未间断地参加各种歌唱比赛，期望能够得到人们的认可。然而，因为她总是因为要顾及到自己那一口难看的暴牙，避免张口时将它们暴露出来，于是便一边放声歌唱，一边用尽全力地去掩饰它，所以她唱歌时总是将上嘴唇往下撇，以此来盖住暴牙，导致她的表情变得可笑而难看；所以最终的结果可想而知，她的歌唱表演总是失败的。一再地失败，一再地打击，让她对自己的歌声渐渐地失去了信心，她陷入了绝望的境地。就在她为了自己的梦想拼尽最后一丝气力时，一个评委的话改变了她的歌唱生涯，也改变了她的人生轨迹。这个评委是唯一一个发现她有唱

101

歌天赋的人，这位评委告诉她说："我想，每个看过你表演的人都能看出你在极力地掩盖什么，但是既然无论如何都无法遮住，你为何不试着放开点？你是一个唱歌的天才，但是，如果你在唱歌时无法忘掉你的暴牙，那么你将永远都无法走出阴影，它将会永远地跟着你，影响你，排斥你的成功。事实上，有暴牙并不是一件很可怕的事，你尽管张开嘴巴尽情地歌唱，只要你自己不以它为耻，全身心地投入表演中，那么观众自然而然地就会喜欢你。"评委的一番话，犹如醍醐灌顶，她重新找回了自信，逐渐地她走出了暴牙带给她的心理阴影。在一次全国大赛中，她那极富个性化的演唱迷倒了所有的观众，同时也让评委为之倾倒，最终，她脱颖而出，成为享誉美国的歌唱家。不但如此，那曾经让她极度痛恨和厌恶的暴牙在如今也同她的名字一样为世人所知，那一口暴牙代表着她的鲜明个性和形象，成为她的一大特色，人们就像喜欢她的歌一样也爱上了她的那一口暴牙。

每一个人都有着各种各样的弱点，然而，一个生性积极的人，会开阔自己的视野，对自己的弱点认真地进行审视，并将它转变成对自己有利的优点。弱点犹如弹簧，你强它则弱，你弱它就会变强，只有勇敢地克服和战胜它，才能让人生朝着自己所期望的方向前进。

任何人都会有弱点，但是有的人对于自己的弱点，不会想着要去改正，而是在为弱点找着各种各样的理由和借口。

很多时候，我们的双眼会因为弱点而受到蒙蔽，导致人们会有一种弱点其实并没什么大不了的感觉，但是事实却是对待弱点的不同态度，也会导致不一样的人生结局。

众所周知，我们对着大山大声喊道："我恨你！"山谷会很快地回应我们："我恨你！"；相同的，如果我们对着大山喊"我爱你！"，山谷自然而然地也会回应我们"我爱你！"。其实，对待弱点也是一样的，假如我们对弱点抱以仇视的态度，那么它也会仇视我们，进而设置陷阱等着我们自投罗网；反之，若我们能够积极而勇敢地面对它，那么它也就对我们报以微笑。因此，青少年在面对自己的弱点时，一定要学会积极地面对，唯有如此，才能明确自己的人生方向，从而改变自己的人生轨迹。

不过，不同的人，其要面对和战胜的弱点也是千差万别的。有的是骄傲和嫉妒，有的则是爱慕虚荣和贪婪。然而不管其弱点时什么，有一点是必须要明确的，那就是它不可能是永远的胜者，我们不可能永远的被它打败。明白了这一点，就可以在面对自己的弱点时，坚决勇敢，并渐渐地学会扬长避短，将弱点变成强项。

你的弱点可能就是你的闪光点。

生命的花朵，不可能只开在温室之中，那遍布丛林、原野、沼泽等地方的鲜花会更加的美丽而妖娆。或许，你的弱点就是你的闪光点也说不定，也许你的缺陷也会因为你用心灌溉之后，开出绚丽而夺目的生命之花。

在学习和生活的过程中，青少年经常会遇到这样或那样的烦恼，但是，在面对自己的不足或缺陷时，应该学会像卡丝·戴莉那样以审视的眼光看待问题。她那满口的暴牙仅仅只是小小的不值一提的缺陷，然而一旦将其放大，就会造成令人难以想象的阻碍。人生的价值在于完美人格的构建，在于灵魂的完美塑造，在于精神的升华。不要总是因为自己的不足而抱怨时运不济，觉得自己永远都不会发光发亮；先低下头，放低你的眼光，看看自己的平庸，再看看自己有缺陷的部分，唯有长于发现，才能从这些自认的缺陷和不足中找到对自己有利的东西，那么弱点就可能会成为使你生命发光的闪光点。

只有以积极地心态来面对自己的弱点，青少年才能让自己走向积极向上的人生征途，向完美迈进一大步。积极向上的心态、深刻而深层的理解以及无私的风险，会为你开启另一扇人生之门。

第四节　担起属于你的责任

　　美国总统里根，他在回忆录中，为我们介绍了这样的一个故事：1920年，他在自家院子里踢球，忽然球飞向邻居家的窗户，将玻璃打碎了。邻居说："我这是一块很好的玻璃，我花了12.5美元买回来的，你得赔偿我的损失。"但是，就当时的情况而言，12.5美元意味着能够买125只鸡。他没有任何办法，只得回家将此事一字不漏地告诉了父亲。听完里根的话，爸爸问他："玻璃到底是不是你踢碎的？"里根回答说："是的，爸爸。"随后，爸爸就说："既然是你踢碎的，那么你就赔吧，因为是你的原因导致了玻璃的破碎；你现在没有钱，我可以借给你，但是在1年之后，你必须还回来。"于是，在未来很长一段时间里，里根做过擦皮鞋、送报纸的工作，他辛苦地打工，只为了能在一年之内还掉债务。终于皇天不负有心人，一年后里根挣够了12.5美元，他将自己辛苦挣来的钱一分不少的交到父亲手里，看着手中的钱，父亲很是欣慰地拍了拍里根的肩膀，说："一个人若是能够为自己的过失负责，那么将来必定会大

105

有所成。"

　　每当青少年犯错时，总是会有很多的家长站出来替他们承担所有的后果。因此，青少年就会有一种感觉：无论自己做错了什么，父母都会保护自己。却不知，如果这种做法持续下去，会让青少年养成一种依赖的心理，导致他们失去处事的能力和应有的责任心。青少年应该学会自己的事情自己做，自己犯下的错自己想办法补救，学会勇于承担自己的过失和因过失而造成的后果。

　　敢作敢当，成功者必备的素质。

　　人的一生中总是会犯下这样或者那样的错误，每个人都毫无例外，就连名人志士亦是如此。犯错误其实并不可怕，可怕的是不敢承担后果。在犯错之后，勇敢地承认，是一种很值得赞扬的行为；而这种敢于认错，勇于承担的优良品质也是走向成功，成为成功人士的必备素养。

　　之所以里根能成为美国的总统，能有如此大的成就，就是因为他懂得了自己要为自己犯下的过错承担起责任。青少年在作出错误的决定之时，务必要打心底里认错，要理直气壮地没有丝毫的虚伪和不甘，更不要去理会他人对自己的热嘲冷讽，勇敢地为自己的过错负责并不是一件令人羞耻的事情；与此同时，认错还是一种减少麻烦、调节矛盾、重建友谊的必备良药。因此，青少年若是犯了错，就要勇敢地站出来，对着所有的人说：这是我的责任！而不要在犯错之后拼命地闪躲，为错误找借口。

　　当一个人在追逐成功的时候，总是会遇到各种各样的失败和挫折。犯了错或有了缺点之后就必须立刻正确地面对它，进而懂得自己的责任为何。常言道："大丈夫决不能有二过"，而避免发生二过的最佳方法就是认错，认错能让人加深印象，以此为戒。勇于认错也是了解自我、改变自我以及重塑自我的一种开始，从而坦然地接受因承担责任而遭遇的惩罚。惩罚是人生中极为珍贵的财富，是无法被取代的一种只能依靠自己累积方可获得的宝贵经验。

勇于认错是对自己和他人负责。

对于某些小事，我们很可能早已遗忘，比如小的时候，当我们摔倒时，父母总是会用脚去狠狠地跺着地面，安慰你说摔倒并不是你的错，而是地面的错；当我们不小心撞到桌子的时候，父母又会去狠狠地拍打桌子，仿佛撞到桌子的你完全没有任何的责任，而是因为桌子太"不长眼"……诸如此类的一些小事，却不知早已在我们幼小的心灵中种下了一颗名为逃避责任的种子！

作为家长，为孩子承担所有的责任早已成为了他们的惯性。现实中你会发现这样的场景：过马路时，孩子的两只手空无一物，而父母的双手却费力地提着很多的东西；坐公交车时，吃力站着的都是年纪大的老人家，而位子上坐着的却是他们"含在嘴里怕化了"的宝贝孙子；还有一些10多岁的孩子，从未自己洗过自己的袜子和衣服，更不知道家务怎样做！

一旦我们犯了错误，总是会在第一时间找别人的原因或者客观的原因，为了逃避责任找着各种的理由和接口，这也许和孩提时代所受到的家庭教育不无关系。上课迟到了，这是学生时代很常见的一种现象，但是当被老师问道"你为什么迟到了"时，各种五花八门的答案让人不敢置信，比如"堵车、闹钟坏了、身体不舒服，好像感冒了、自行车半路坏掉了……"花样百出的理由只为了逃避因迟到需要受到的责罚，而从未有一个人会大胆地对老师说："老师，这是我的责任！"

面对过错时，人们的心里总是会有一种深深的恐惧感，因为一旦认了错、担负起了责任，就必须要接受因错误而带来的惩罚。所以，人们几乎是本能性地在犯错之后寻找各种理由和借口为自己开脱，希望能够逃避惩罚。然而，这些理由却无法掩盖掉已然发生的事情，你应承担的责任并不会因为这些借口或理由而减轻，更不会将你应担负的责任推卸掉，反而可能会因自己的逃避责任而需要付出更为惨重的代价。相反地，若是一个人能主动地承认自己所犯的错误，那么至少说明这个人是勇敢的，他能够鼓起勇气去面对错误并承担责任，他的行为是值得褒奖的。

美国有个小男孩很喜欢垂钓，但是当有鱼儿上钩时，他总是要和小伙伴们站到泥塘里才能将它们抓住，这样的感觉让人很烦躁。因此，他便带着小伙伴从别人那里搬来一些石头，建了一个类似钓鱼专用的小码头。但是很快，石头被主人发现了，石头的主人本想将他们一纸诉状告到法官那里，但是又考虑到他们都是小孩，就将此事告诉了他们的父母。毫无悬念地，小孩子们都受到了来自他们父母的各种各样的教育和惩罚，荆条被打断了一根又一根，至于那个小男孩，他则受到了父亲的最为严厉的斥责，看似平凡的父亲却告诉了他一个非常不平凡的道理：承担责任，为自己的过失买单。此后，他未来的人生道路上，父亲教给他的道理一直伴随着他前进的步伐，并被他从始至终地实践着，后来他成为了美国杰出的外交官和政治家，这个人就是本杰明。

作为青少年，在做错事的时候，勇敢地承认自己的错误则是一种负责任的表现，而承担了责任之后所造成的后果则是对我们勇气的一种考验。做错了，就要勇敢地承认，并勇于承担起所有的相应责任。因此，青少年在今后的学习、生活中一定要勇敢地对自己的行为负起责任，做一个真正有利于社会、有利于国家的栋梁之才。

第五节　在肯定自己的同时要勇于尝试

　　爱迪生是世界上伟大的发明家，然而在他的一生当中，很多时候都是在尝试中度过。每当他对生活中的某些现象产生了好奇心，并因此而诞生出一系列的奇思妙想之后，他首先会选择的就是——试着去做。他尝试着发明电灯，尝试着发明留声机，也尝试着发明蓄电池，诸如此类的尝试不胜枚举，而最终的结果无一例外地都获得了巨大的成功。他有2000多项的发明成果，"发明大王"的荣誉称号非他莫属。但是，如果他在小的时候因为别人对他的冷嘲热讽而对自己失去了信心，那么他也就会失去了挑战自我的勇气，从而就不可能会不畏艰难和挫折地发明创造，这些伟大的世界发明也就不可能会出现。

　　生活中，青少年总是会经历各种各样的痛苦，此时，内心的凄苦是在所难免的。因为看不到希望的光芒，视野也会因此而变得更加的狭隘，很多人都会因此而困惑，更甚者会将自己逼入死角，将自己完全地否定掉。实际上，在面对残酷的现实时，追悔和逃避都是毫无用处的，我们要做的是真心接受、勇敢面对，要抱着不放弃的坚定信念，切莫将自己太过轻易地否决掉。

不要轻易否定自己，学会肯定自己。

青少年在很多时候总是会觉得自己做什么都不行，总是有一种"别人那么的优秀，我怎么可能会比得过他们呢"的想法，总是在怀疑自己的能力。即使他们并没有自己想象的那么糟糕。之所以这么说，是因为他们的懦弱和对自己的不自信，反而给别人造就了更多的机会，为他人的发展提供了更为广阔的空间。

或许，你曾经努力付出的没有得到应有的回报，或许你曾经因为自信而被别人讽刺为"狂人"，或许你曾经的某些举动被别人以冷嘲热讽相待，即便如此，也不要怯懦，要始终坚持走自己的路，自己的人生并不是他人的一句话而能决定的，不要轻易对自己的能力持以否定态度，因为一时的得失并不能代表你的整个人生。

温斯顿·邱吉尔说："一个人在遇到危险的威胁时，绝不可能会背过身去企图逃避。如果是这样的话，只会让危险加倍。然而，若是能够立刻毫无退缩地面对它，那么危险就会相对减半。千万不要试图逃避任何的事物，切记！"人生不如意十之八九，不可能事事都能如人所愿的，特别是青少年，在面对困难时，切记不要太轻易地就否决自己。不要一味地盯着自己的缺点不放，从而忽视了自己所拥有的优点，若是一味地只知怀疑自己，否定自己，轻易地放弃自己，那么你永远都只能望着别人的背影而无法超越。只有对自己充满自信，活出自我，并保持自己的本色，才能演奏出一曲动人而优美的生命之曲，才能实现自己的人生价值。否则，一旦否定了自己，那就意味着成功一并被你否定了。机遇总是青睐有准备的人，只有时时刻刻做好充足准备迎接挑战的人，才能不错过任何一次机会，因为一旦错过，那么下次的机遇不知何时才会到来，青春只有一次，对于任何人来说都无例外。

行不行，试过才知道。

人生在世，没有任何一件东西是完美无缺、十全十美的。无论是人还是物，都有着这样或那样的缺点，任何人或事物都无法达到至臻完美的境界。然而，即便如此，人们在看待问题的时候要从整体观之，不仅要看到缺点，还要看到优点。只看到自己优点而无法看到缺点的人，只能是骄傲而自负的，最终的结果不外乎因不思进取而自取灭亡。不过，过分的谦虚也是不好的，看不见自己的任何优点，只会终日唉声叹气的人，总会因为自卑而在内心时刻提醒自己："你不行""你什么都做不好"……这样的人与成功永远都没有相交的那一天，要知道，行或是不行，没有试过怎么会知道结果呢？

尝试是行动的开始，更是迈向胜利的第一步，勇敢地踏出这一步，那么你距离成功也就不远了。成功的根源来自于对事物产生了好奇心，从而有了想要征服它的欲望。当一个人对一件事物产生好奇时，就会总想着要去探索它、研究它、进而投入全身心地去钻研于它。但是，仅仅只有好奇心是远远不够的，还需要有足够的自信和勇气去尝试。在征服一件事物时，它不可能会告诉你它将会带给你多少考验，更不会告诉你它将给你制造多少的麻烦，也不会告诉你它给你设置了多少的障碍困难。在征服的期间会发生很多无法预料的事情，这个时候能够给予你帮助的唯有你自己的勇气和信心。勇气能够助你迈出你前进的脚步，助你突破自我，而信心则会帮你克服困难，战胜一切。

尝试最大的敌人是半途而废。

在科学界，人们坚信着这样一句话：一万次实验之后的那一次很可能就会成功。这一万次，指的是一万次的失败。成功总是喜欢与人玩捉迷藏，它喜欢躲在无数次的失败身后而不现身。失败的人，通常都是做事浅尝辄止，因为一点挫折就半途而废。世界上除了爱迪生还有很多的名人、伟人在给我们上着人生的哲理课，他们用行动，用他们的成就来告诉我们人生的真谛是什么，成功的秘诀是什么。比如莱特兄弟、阿基米德、达尔文、牛顿、蔡伦等等，他们的成功只说明了一个道理，那就是：只有想不到的事，没有做不到的事，只要你愿意尝试，成功其实很简单。

如果青少年总是轻易地就否定掉自己，那是对自己人生的一种不负责的表现，更是一种失职的表现。作为青少年，要学会在把握好这个尺度的前提下，不断地提高自己，充实自己。唯有各方面都协调发展，方能赢得成功的原始积累，从而在未来的生活中、激烈的社会竞争中站稳自己的脚跟，任何时候都能立于不败之地。

第六节 自知者明

北洋军阀混战时期，吴佩孚一直在努力地扩充着自己的势力，最终成为了权倾一方的既有实力又有能力的"常胜将军"。一天，他的一位同乡来投奔于他，想在他那里谋求一个差事做。吴佩孚对那位同乡的才能心知肚明，却又碍于同乡的情面，最终给他安排了一个上校副官的闲职。不久之后，那位同乡不满意了，他嫌官职太小，因此就请求吴佩孚让他当个县长，将他派到河南去。吴佩孚听了之后，只在他的申请书上批了四个大字："豫民何辜"，以此断绝了他的念头。可不曾想到的是，那人再次厚颜无耻地请求吴佩孚将他调任成旅长，还在申请书上写了："我愿率领已旅之师，前往两广，将其平定，将来凯旋之时，必定亦是吾解甲归田之日，以种树自娱。"看到同乡竟然如此的没有自知之明，吴佩孚感到无奈又可笑，于是提笔就在他的申请书上批了六个大字："先种树再言他"。

老子是我国古代伟大的思想家，他的思想影响着一代又一代的人，他就曾说过："知人者智，自知者明"。而法国伟大的思想家卢梭也曾清晰地指出："之所以人会犯下错误，并不是因为他们什么都不懂，而是因为他们自以为什么都知道。"自知之明对于每个人而言都是极为重要的，更遑论青少年了，有了自知之明，方能避免发生不测。

人贵有自知之明，才能避免不测的发生。

在日常学习、生活或者工作中，如果一个人有了自知之明，那些不必要的麻烦就能减少很多，那些不好的事情也能被避免。我们经常能遇到在抱怨环境、埋怨别人，这些人不断地改变着，希望能够为自己找到一个安身立命之处，找到一个能够与自己心意相通的人。事实上，在不断做出改变的背后，充其量只是任性地把责任推脱给环境或者别人罢了，是治标不治本的，根本性的问题没有得到任何的解决。其实，问题的根本不在别人的身上或者是因为外界的原因，问题之根源永远都是在己身。

让我们来看一个故事吧。树林里有一只小鸟正在不停地忙碌着，它在忙着收拾家当，准备搬到另一个地方。恰巧它的邻居经过，便问它："你这是要去哪里呢？"小鸟回答说："我准备搬到东边的那个树林去。"邻居闻言表示很好奇，就又问道："这里的环境很好，住着很舒服，你为什么要搬走呢？"小鸟道："这你就有所不知了，这里的鸟儿们对于我的歌声已经很厌烦了，它们都说我唱歌很难听。我待不下去了，一定要搬家。"闻言，邻居连忙说道："其实并不一定要搬家那么严重的，你只要把你的歌声做一个改变就好啦。若是你唱歌的声音永远不变的话，就算你搬到东边的那个树林，那里的鸟儿迟早有一天也会厌烦你的。"但是小鸟并不同意邻居的说法："这怎么可能呢，我的声音怎么可能改变呢！"结果可想而知，这只小鸟搬到东边的树林仅仅不到一个星期的时间，又开始张罗着搬家了。

"人贵自知"，如果一个人不懂得反省自己，就会像故事中的那只小鸟一样，永远都在忙着搬家。而不论它搬到哪里，都是在犯同一个错误，最终的下场就是弄得自己心力交瘁，疲惫不堪。不断的匆忙只会让自己迷失自我，不知道自己该干什么，感觉未来的道路一片迷雾，怎么都无法看清前进的方向。

不自知，是一个人的最大悲哀。

不自知，是一个人最大的悲哀。一个人唯有才能明确地知道什么是他需要继续下去的，什么又是急需规避的。避开自己的短处，将自己的长处不断地发扬光大，方能在自己的人生道路上制定准确的前进标；否则，将只会成为别人的笑柄，甚至落得失败的凄惨下场。

有一只从未见过外面世界的小青蛙，它在听见外面传来一阵"哞哞"声之后，连忙环顾四周，想知道外面到底发生了什么事情。于是它看到了一头正在路边喝水的牛，就很好奇地对着大青蛙喊道："天哪！你看那边竟然有一只庞大的怪物！那么高大，那么壮实，头上居然还有两只角！它说话的声音简直可以用'震耳欲聋'来形容了！"大青蛙听完它的惊讶话语，只是淡淡地说："你个笨蛋！那只是一头牛而已，它也不过是比我高了那么一点点而已，有什么可大惊小怪的！"小青蛙看了看大青蛙，又看了看那头牛，然后说道："不要开玩笑了！你怎么可能跟它相提并论呢？"大青蛙很是不服气："你别不相信，我现在就变大让你见识见识！"说完它就鼓足了一口气，将身体胀大了，然后得意地对小青蛙说："看吧,现在我是不是跟那头牛一样了！"小青蛙笑着说："哈哈，简直是天差地远！"于是大青蛙就又开始拼命地吸气，让自己的肚皮涨得更大了，但是小青蛙却一再地摇头。大青蛙不甘示弱，一再地大力吸气，只听"啪"的一声，大青蛙的肚皮炸了，被它自己给撑爆了。

下面要讲的故事中，有一只蝙蝠比上面的大青蛙更为夸张。这只蝙蝠因为知晓了一些天文方面的常识，就渐渐地变得越来越骄傲，经常对其它动物评头论足。比如他批评大象的身体虽然庞大，却大的不恰当，庞大的身躯总是会导致它的动作迟缓而又笨拙；看见兔子活蹦乱跳时，就说人家虽然能跳得很快，却完全不懂得何为声纳和气流，只是一味地乱蹦乱跳；总是批评鸡有了翅膀却不懂得利用……从早到晚，这只蝙蝠就一直在自以为是，顾影自怜："这些家伙们一无是处也就算，为什么竟然还如此的无知呢？真是让我难以忍受！"直到有一天，这只蝙蝠不小心掉到了河里，却因为不懂得怎么游泳，就这样被淹死了。

大青蛙和蝙蝠的故事告诉我们一个道理：一个人最大的悲哀就是不自知。那只蝙蝠虽然知晓了一些天文知识，也了解其它动物的长处和弱点，却完全不了解自身的缺点，或者说它是完全没有看到自己的缺点，它觉得自己是无敌的，结果才落得那样的下场。

所以，一个人只有有了自知之明，才能避免那些不好的事情发生。要想真正地了解自己，就必须换个角度审视自己。要懂得首先"察己"。跳出自我，客观地审视自己，对照自身，就像照镜子一样，不仅要看到正面，还要看到背面；不但要看到自己身上的优点，还要察觉到自己身上有何瑕疵，其中包括对自己人格品质、学识能力做成自我评判，孤芳自赏或是妄自尊大都是大忌。其次，要不断地提高自我，进行自我完善。错误或缺点，有则改之，无则加勉。只有做到了这些，青少年方能更为真实而客观地了解自己、认识自己，完善自己，从而能够做到自我超越。

同时，青少年在进行自我认知的时候，一定要记得理智而全面地看待自己，切忌太过偏激。因为偏激会让一个人在看待问题时眼光变得狭窄，无法对周围的人和事做出客观公正的评价，这样错误就很容易发生。因此，在做事的时候，青少年一定要走出自己内心的偏激，万不可一意孤行地感情用事。

第七节 心若没有栖息的地方，到哪里都是流浪

　　阿扎洛夫曾是一位美国有名的作家，前半生努力和勤奋，取得了辉煌而夺目的成就。但是，在他的后半生中，因为在故乡的小城里同一个名叫马利丁的人较上劲儿了，而这位马利丁却是一个众所周知的文坛小丑，成绩斐然的阿扎洛夫却将其视为毕生的竞争对手，最后的结果只能是前半生的辉煌还没结束就迎来了后半生的没落。

　　马利丁为了抬高自己的身价，从而能够得到地位和名利上的双赢，不惜以卑劣而可耻的手段在当地的报刊上不断地制造各种低俗而劣质的花边新闻，还公开地向阿扎洛夫发起了挑衅。按照阿扎洛夫的地位和人品，完全不必要去理会这种令人不齿的"小丑"角色，但是，非常不幸的是，阿扎洛夫被马利丁给惹怒了，他失态了，完全地丧失了本该有的理智，他竟然在小报上同马利丁展开了长达数年之久的口水战。

　　最终的结果可想而知，马利丁凭借着阿扎洛夫得到了他既想要的名声，又得到了他渴望已久的利益，而阿扎洛夫却在无端浪费

生命和虚度青春的同时，失去了他本该有的尊严，从而被世人所耻笑，自此一蹶不振，落得抑郁而终的悲惨下场。

认清自我。

人生最大的遗憾莫过于失去方向，不知道自己该前往何方，这是一件可悲可叹的事情。阿扎洛夫原本可以借他的才华创造更多的人生奇迹，却因为最终没有确定自己真正想要的做的是什么，没有找到自己的人生方向，而走向了生命的末路，不仅浪费了自己的大好才华，还耗费了自己的生命。作为一名胸怀大志的青少年，站在人生的十字路口时，一定要懂得选定自己的方向，要学会认识自己，找准目标，确定人生的航道方向。唯有如此，才能在独自踏上征途的时候，不会因为害怕暴风骤雨而失去航向，因为你知道自己的最终目标为何，就会鼓足勇气去勇敢地面对旅途中将会遇到的一切磨难和障碍。

生活中，总是会遇到各种各样的坎坷，社会环境是复杂艰难的，因此青少年要懂得学会认识自己，认清不同环境下的自我，这对于青少年的发展十分重要。因为能否真正地了解自己、肯定自己、要如何进行自我形象塑造，如何把握自我的发展，以及如何抉择，这些将在很大程度上决定一个人的前程和命运。换言之，就是你可以是平庸而渺小的，也可以是成功而伟大的，这些都取决于你究竟会有着怎样的自我意识。

诗人纪伯伦曾经借用他人之口这样说过："认识自我是一切认知的母亲，我应该认识自己。我认识自己，并对自己身体的各个部分，包括外貌、分子以及原子有一个了解。应该剔除掉覆盖在自己灵魂深处的帷幔，擦去心灵上的伪装，还应该弄清楚我物质存在中的精神存在的涵义，我精神存在中的物质存在有何隐秘。"

对自己有了一个认识，并且看清了自己，你就会成为一座发光发亮的金矿。确实，就像诗人尼采所说的那样，人只有认识了自己，才不会失去任何东西。"认识"对于我们人类来说，其实是一个很抽象的词汇。因此在人类进步、社会发展的进程中，又有多少人是为了"认识"，从而发现了人类的文明和真理的。不过，在"认识"自然和社会的过程中，又有多少人知道"认识"自我其实是比认识自然和社会更艰难的。

对于正处在青春期的青少年来讲，青春期其实一个心理和生理都要发生巨大变化的过程。因此漫漫人生长路上，青少年才刚刚开始踏上旅途，他们开始学会如何思考社会、人生、人际关系、异性以及爱情等诸多深层次的问题，所以他们原本简单的学习和生活就变得复杂起来。换句话说，中学阶段是青少年人生中最困惑的阶段之一，而解决困惑的关键就在于认识自我，青少年的自我看法、自我定位以及自我期望将直观地对如何解决问题产生重大的影响，也将对他们日后的发展产生直接性影响。

清晰地明白自己的目的为何，知道自己的航向在哪里，这是青少年人生奋斗的基石，因为方向将会对命运起着决定性的作用，也会对前途产生重大的影响。

清楚知道自己的航向

在人生的旅途中，如果青少年不知道自己的港口在哪里，就会失去航向，那么他的前进之路就没有所谓的顺风还是逆风了。因为没有方向、没有计划的人生，只能庸庸碌碌地虚度，毫无意义，而停滞不前的思想将会导致你陷入被社会、被环境所淘汰的危险处境之中，你的人生将只能在原地踏步，碌碌无为地度过一生。

有一则寓言故事讲述的是这样一个故事：在茫茫无际的渤海之都，生活着一条鱼，这条鱼每天都在逆流而上，它划过激流，也冲过海滩，更突破过湖泊中的那些密密麻麻的渔网，它在深海中躲避过无数水鸟的追逐，它每天都在拼命地想要上游。所以，它一直不停地游着，从未间歇。它穿过山间的溪流，在浅滩中挤过乱石，避过暗礁，它克服了那些看起来无法被克服的一切困难，直到有一天早上，它游到了唐古拉山脉。但是，令人惋惜的是，它还没来得及在水中痛快地畅游一番，也没来得及为自己的不断拼搏欢呼雀跃一声，更没来得及品尝一下唐古拉山脉的甘甜清泉，就被高原的寒流瞬间冻成了冰块。

在很多年后的某一天，一个登山队在唐古拉山脉发现了这条被冻成冰的鱼，彼时的它依然保持着当时向上游的姿势。经过观察，登山队员们发现它其实是一条来自渤海的鱼，队员们无一不被它那顽强拼搏所感动，为它的不屈精神所倾倒，都对它的勇敢和无畏精神发出了由衷的敬意。然而，队员中的一位老人却如是说："它虽然勇敢，却也只是拥有了伟大的精神，而没有伟大的方向。"

生活中，如果一个人连自己最基本的航向都无从得知，就不会知道自己该前往哪一个码头，不管刮的是什么方向的风，他的旅途都不可能是一帆风顺的；同样如果一个人不知道自己的前进方向在哪里，自己想要前往的港口在哪里，不论他的人生之船驶向何方，他的内心中都不会存有期盼。

正处在人生道路出发点的青少年，此时更应该确定自己人生的航向，而在确定目标的这一过程中，一定要弄清楚自己的人生将要驶向何方，又有什么样的目的。如果欲望太强烈，想要的东西太多，或者无法确定清晰的目标，那么人生旅途只会坎坷多艰，仿佛走在一个十字路口，虽然到处都是出口，却不知正确的那一个，只能站在原地徘徊犹豫、踟蹰不前。其结果就是轻者失去人生方向，站在人生的岔路口彷徨着、苦恼着；而严重的就会倍感煎熬，时刻处在痛苦而挣扎的情境之中无法自拔。人生有着顺境和逆境之分，然而境遇并不是完全决定于上天的，在自己做出选择的那一瞬间，也许未来旅途的风向标就已经被决定了，是顺流而上还是逆境挣扎，都跟自己做出的选择有着莫大的关系。所以，只有明确了自己的人生方向，才能在人生的征途上顺风而行。

在青少年的成长过程中，认识自我是最为艰难的一个过程。因为认识过程的本身就是一件漫长而艰难的任务，但是一旦得到了正确的认识，那么其结果就会是美丽而炫目的。认识自我，是我们走向前方的基石和根据。即便此刻的你处在逆境之中，凡事都不顺，但是只要你能够凭借着自信的巨大潜能以及你独特的个性和优势仍然存着，那么你就能够有着坚定的信念：我可以，我一定能够成功。

在日常的生活和学习中，青少年一定要学会客观地对自我进行评价，找准自己的定位，并清晰地认识自己。"知己知彼，百战不殆"青少年唯有真正的认识自我，深刻的了解自己，方能张开翅膀在天空中自由自在地翱翔，扬起风帆在浩渺无烟的大海之能自由地徜徉，最终寻找到属于自己的那片晴朗之空，创造出辉煌而绚烂的成就。

在成长之路上，青少年不仅要学会认清自我，找准自己前进的方向，还要有一个清醒而明智的大脑来为自己的生活位置做一个明确定位。人生其实是一个逐一实现自己的目标的过程，若是没有了目标，"当一天和尚敲一天钟"地得过且过，这样的人注定是一个庸人，只为碌碌无为地虚度一生。一旦人生有了为之奋斗的目标，那么为了实现这个目标，就会不断地拼搏；当一个人找到了自己的目标并为其努力奋斗，一刻不停地向前奔跑的时候，相信他那绚烂而夺目的光芒定会让所有人为之折服。

第八节　你想成为什么样的人

上个世纪初有个叫托马斯·沃森的中年人，经营着一家只有13人的公司，由于管理不当，靠着大量银行贷款渡过了当时经济危机，避免了破产的悲剧。刚刚经历危机的他却异想天开，认为此场危机是一个机遇，公司应该改变经营，开阔眼界，成为全球出名的国际公司。多年以后，小托马斯回忆那天的情形：那天，父亲下班回家后，抱着母亲，认真地宣布将"计算制表记录公司"改为"国际商用机器公司"。小托马斯不以为然，凭父亲的公司怎么可能做到呢？事实上，当时的公司已经是负债累累，员工们上班时候叼着雪茄，公司的产品只是咖啡研磨机和磅秤，和国际商用机器差十万八千里。

可是后来的情况证明了：在对企业未来发展的规划上，托马斯开阔的眼界和独到的见识确实高人一筹，"国际商用机器公司"并不是无稽之谈，在不久的将来成为赫赫有名的公司。就是我们经常说的IBM。

有的人经常抱怨：不知道每天都在做什么，虽然每天都很忙，但又没做出什么成绩来。相信很多人都有这样的经历。认真回想一下自己，每天认真工作的时间有多久，自己是否真正知道在做什么？是否有明确的目标？如果自己做事没有目的性，就会在不知不觉中受他人的影响。所以即使再忙，也要在闲暇时候想想自己到底在忙什么。人生最大的问题，就是没有自己的目标。每个人都应该树立远大的目标，为确立的目标奋斗拼搏，只有这样你才能成为你想成为的人，实现你心中的理想。

人的一生，短短数十载，没有明确目标的人，必将成为他人进步的铺路石，为他们搭建攀爬的梯子。那些没有目标的人，生性比较随意，满不在乎，少有规划，因此浪费了大好时光。

生活中有些人，做事情漫无目标，没有理想和抱负，人生没有规划，一切显得碌碌无为。他们从来没有认真考虑自己想成为哪种人，这就注定了他们的一生平平庸庸。

哈佛大学曾做过一个关于目标对人生影响的跟踪调查。调查对象是一些智商、学历、环境等条件都相近的大学毕业生。调查结果是这样：27% 的人没有目标；60% 的人目标模糊；10% 的人有短期目标；3% 的人有明确长远的目标。之后，这些大学生开始了自己的职业生涯。在 25 年后，哈佛大学再次对这群学生进行了跟踪调查。结果很明确：少有的 3% 的人，25 年间他们向自己确立的目标不懈努力，大部分成为各界知名人士，其中还有行业领袖、社会精英；10% 的人，经过努力，短期目标逐渐实现，成为所在领域中的专业人士，大部分生活在社会的中上层；60% 的人，只是安稳地生活与工作，并没有什么突出的成绩，基本处在社会的中下层；剩下 27% 的人，由于没有确立目标，生活不知所措，过的不尽人意，还常常抱怨他人，抱怨社会，抱怨这个世界不给他们机会。其实，他们的差距在 25 年前就已经很明显，他们中的一些人知道自己为何而奋斗，而另一些人根本没想过。

目标就是动力，也是最能挖掘潜能的撬杠。有时候，我们感觉自己能做到的时候，就会充满力量和勇气，在困难时候像勇士一样，奋力去搏。目标是人生航海时的灯塔，照亮你向前行进。

生命只有一次，每个人应该为自己的目标去奋斗，每个人都要树立自己的目标。无论是否成功，你的人生依旧精彩。你把自己定位在哪，你就在哪。

要想成功就要有目标。你想成为什么样的人？这就是一个明确的目标，这个目标是通向成功的起点。古今中外所有在自己领域有所发展、在事业上有所成就的人，他们都有着明确而坚定的目标。

本杰明·迪斯雷利原本是一名不出名的作家，出版几部书籍，并没有让人们记住他。后来迪斯雷利决心成为英国首相，开始涉足政坛。他克服各种困难，先后当选议员、下议院议长、高等法院首席法官，直到 1868 年实现自己的目标，成为英国首相。在一次演讲中，他说出了自己对成功的看法"成功的秘诀在于坚持目标。"坚定的目标是取得成功的基本前提，因为坚定的目标会但使你在面对困难时的百折不挠，抓住任何一个可以成功的机会，始终怀有奋斗的激情，在身居险境试试，最大限度发挥自己的潜能。

人的一生就是在不断进取，在这个过程中不要使自己碌碌无为地过完一生，而要树立一个奋斗的目标。其他的事情都不重要，重要的是你想成为怎样的人？有没有心中的榜样？是否想过数十年后自己成为什么样？是否考虑自己在众人心中的地位？你想过站在所处区域的位置？有没有改变现状的想法？你想继续做"小买卖"还是冒险做"大生意"？你想成为自己行业里的领头羊，还是随波逐流普遍的大众？

你想要成为什么样的人，你要实现什么样的人生，完全取决于自己。从现在起，重新认识自己，发现自己，让自己的内心做主，明白自己想要的成就，确立自己的奋斗方向，为之拼搏，就能梦想成真。

第四章
春风十里不如你

第一节　没有人比你更美好

　　英国少年罗温·艾金森，由于长得呆头呆脑，有时候举止显得笨拙幼稚，同学们经常戏弄他，甚至老师也不愿理他。毕业后，艾金森那张憨态十足的脸和笨拙而幼稚的举止使他四处碰壁，找不到工作，可怜的艾金森陷入自卑当中，十分苦恼，于是他整天躲在家里喝闷酒。然而爱金森的母亲相信自己的儿子是最棒的。艾金森从母亲对自己充满信心的目光中重新振作起来，虽然在接下来的一段时间里，他还是没能找到工作，但他没有因此而泄气，他牢牢记住了母亲的话，相信自己会成功，只是机会还到来。

　　直到爱金森在一次《非九点档新闻》中表演后，剧组的导演忍俊不止地大笑起来，艾金森知道，自己成功了。后来他饰演的"憨豆先生"由于有一点憨厚，有一点傻气，有一点可爱，从而深受观众喜爱，随后他在英国和全世界迅速走红。

几年前，很多篮球迷在观看 NBA 夏洛特黄蜂队打球时，特别喜欢看 1 号队员厄尔·博伊金斯上场打球。博伊金斯身高只有 1.65 米，在黄种人里也不算高，更别说在巨人王国的 NBA 里了。

据说博伊金斯不仅在当时 NBA 里是最矮的球员，也是 NBA 有史以来个子第二矮的球员。但这位个子最低的博伊金斯却是 NBA 表现最优秀、失误率最低的后卫之一，他不仅控球一流，投球精准，甚至在被巨人包夹也毫无畏惧地带球上篮。

看到博伊金斯在每场比赛像一只小黄蜂一样，满场飞舞，心里不禁赞叹。我想他不仅是安慰了那些身材矮小而酷爱篮球者的心灵，也激起了每个平凡人的生活热情。

难道博伊金斯就是天生的篮球运动员？肯定不是，而是他对篮球的热情和自己的奋力拼搏造就的。

博伊金斯从小就不高，但这并没有影响他对篮球的热爱，几乎每天在篮球场上玩耍。当时他的愿望是有一天可以去打 NBA，这是每个热爱打篮球的美国少年最向往的地方。

每当博伊金斯告诉他的伙伴："我长大后要去打 NBA。"所有听到的人都忍不住大笑，因为在他们眼里一个身高仅仅 1.6 米的矮子是没有可能打 NBA 的！

同伴的讽刺并没有打击博金斯的志向，他花比别人多几倍的时间用来练习，最终成为全能篮球运动员，也成为最佳的控球后卫。他充分利用自己矮小灵活、行动迅速的"优势"，来回在球场穿插；个子矮小不易引起注意，因此投篮常常得手。

博伊金斯不怕人嘲笑，也没有因为身高而自卑，他巧妙地把自己的"劣势"转化成"优势"，创造了NBA史上的一个奇迹！

第二节　你的潜能无法估量

唐纳德·布朗，1945 年出生于美国。40 岁的时候被哈佛大学法学院录取，52 岁开始徒步穿越美国，被美国民众称为"真人版阿甘"。

1981 年的夏天，当时的建筑工人唐纳德刚刚做完第一次膝盖恢复手术，正躺在波士顿一家医院的病床上。那个时候，他的第二段婚姻岌岌可危，由于手术，经济上也很拮据。手术后的疼痛使他连续注射了 5 支吗啡。恍惚中的他听到一个声音："5 年之后你会在哪儿？10 年之后你正在做什么？"在清醒后的第二天，他看见身边有张纸，上面还有自己的笔迹："5 年后在哈佛大学法学院""10 年后徒步穿越美国"。

他的医生发现后，嘲笑他："你中学都没读完，下半生要在轮椅上度过，你的这些简直是异想天开，只能在梦中实现吧"让人惊讶的是，十多年后，他不但完成了自己的两个愿望，被美国各大媒体所报道，还被誉为美国最励志的人。连他的主治医生都不敢想象他的这个病人，最后实现愿望并成为美国最励志的人，唐纳德正是靠着自己强大的意志完成了自己难以想象的理想。

在一所大学的音乐教室里，一个学生坐在钢琴旁边，上面摆放着一本高难度的乐谱。

他胡乱地翻着，闲得很无助，感觉自己对钢琴的信心已经消磨殆尽。跟随这位新的导师已经有三个月了，他不知道教授为什么这么苛刻？

胡思乱想之后，勉强打起精神，他开始用十个手指奋力地琴键上跳跃，教室内外到处都是琴声。导师是个很有名的钢琴师。授课第一天，他给自己的学生一份乐谱。告诉他"先弹弹看！"乐谱颇有难度，学生弹得音律呆板、漏洞百出。

"还不行，回去再好好练！"每天下课，教授总是这样叮嘱学生。经过一个星期的练习，总算熟练了，但第二周上课时，教授又给他一份更高难度的乐谱，"再试试这个吧！"上周的练习成绩，教授也没有检查。学生继续练习这首更高难度的谱子。

第三周、第四周……每次都是相同的情形，学生每次在课堂上都被一份新的乐谱搞得心烦，只好带回去练习，然后再回到课堂上，重新面临比上次更高难度的乐谱，但总是都追不上进度，丝毫没有弹琴的轻松感，学生愈来愈感到不安、沮丧及气馁。

三个月后的一次课堂上。学生再也忍不住了，他向导师提出这三个月来、为何以此来折磨他。教授一句话也没说，拿出最早的一份乐谱，交给学生。"弹奏这个。"他自信地望着学生。学生自己难以置信，他居然可以将折磨他一周的曲子弹奏得如此动听、如此纯熟！

教授又拿出第二份乐谱，学生依然表出现高水准的技巧。一曲弹完，学生不解看着教授，不知道说什么好。教授看着他的学生，缓缓说："如果一开始我任由你表现最擅长的乐谱，那现在你可能还处于开始的水平，怎能有这样的进步呢？"

人们往往习惯于在自己所熟悉擅长的领域表现。如果我们回过头来，认真思考，不禁恍然大悟，正是因为抗住了那些看似紧锣密鼓、永无止歇的压力，我们才在不知不觉中、养成了今日的独当一面能力吗？

每个人都有无限的潜力！如果体会到这点，人们就会更欣然乐意面对未来出现的难题！

第三节 相信自己，走属于自己的路

　　两个年轻人打算到洛杉矶去创业。洛杉矶是一个十分繁华的国际都市，什么都需要钱，就连这里的水都要用钱买感觉很奇怪。其中一个人觉得洛杉矶这个地方的水都需要花钱买，生活费用也太高了，怕是难以久居。于是便离开了，去其他城市了。

　　而另外一个人却有不同的想法，他认为洛杉矶这个地方居然连水都可以卖钱，他一定可以这里做出一番事业。怀着如此的想法，便投入到创业的热情中。最终在洛杉矶有了自己的一席之地。

　　一位哲人曾说过："上天赋予每个人的能力，都能使他成功，毫无疑问。"然而每个人的命运在自己手中，就像洛杉矶的两个年轻人，怎样生活由自己定。

　　一个意志坚定，敢想敢干的人，相信自己的能力。即使遇到一些挫折，也能沉着应付，不会慌张失措。

　　大凡成功者都具有着极大的勇气，勇于冒险，敢于同一切困难作斗争，强大的自信使他们有胆识去做领袖、去开辟自己的领域。

在这个适者生存的时代，那些犹豫不决、缺乏勇气、没有魄力的年轻人，会处处受到排挤。年轻人想要成功，不但要有坚定的意志，还应时刻准备迎接机会的到来，奋力去做。如果一个连自己都不相信的人，总是抓不住机会，肯定不会有成功的一天。

如果一个年轻人生性怯懦，没有自信，遇事就乱方寸，不敢向前，不敢下决定，不敢去冒险，那么他的一生将是平平庸庸，碌碌无为的一生。

在当今人才济济的社会，多少有才能的人，在平凡的企业里，慢慢失去了他们做大事的理想、成大业的愿望。事实上，每个人都应该有一个光明的前途，做着一件重要的事情，绝不应在"做一天和尚撞一天钟"的日子中磨平了自己的棱角，应该从教育、职业、周围环境的种种束缚中奋力挣扎出来，依靠自己的天赋禀性，走自己的路！

有的人经常遇难而退，喜欢走别人的路，别人怎么做，他也跟着怎么做。其实上天赋予人的能力是差不多的，别人成功，你也可以；人家能做大事，你同样也行。

如果上天赋予你一种独特的能力，而你自己却不知道利用，硬要学别人，按照别人的路子来，这样对你来说不仅不能成功，说不定还会害了你。

所以你应该努力发挥自己的能力、智力、想象力，专属于自己的路再也不要去做别人的尾巴。

一个能成大事的人，无论做什么都满怀希望和自信心，一定要做出让自己满意的结果。他的眼光里充满成功，不会随声附和他人。一旦他下定决心，就会勇往直前。所有计划、所有行动，全部由自己来决定；一切困难、一切挫折，都由自己来承担；一切阻拦、一切障碍，都由自己来排除。他从不自暴自弃、不埋怨他人，所有的义务也从不推辞，敢作敢当，像这样的人，哪有不成功的。

上帝赋予每个人能力，都希望他能成为一个勇敢的人。人生在世，你不能永远沉陷在犹豫不决、畏畏缩缩、不敢向前的环境中生活下去！

只有那些甘心做奴仆的人才会依附别人，随声附和。一个有作为的人肯定不会这样，他充满能量。一个有魄力的人，在成就事业的时候，他的目光，他的气魄，他的志向，无不潜藏着自信，傲视一切。

我们要自己做主人，要做一位适应形势的能者，不要受其他环境的干扰，应当鼓起勇气，与阻挡我们成功和快乐的一切困难、消极、懦弱作战斗！

也许有人会这么想：没人可以逃脱命运的束缚。因此他们不再努力，坐等命运的安排。这是一个很可怕的念头，他会消磨掉人的才能、品格。

一个人如果做事有计划、敢于负责、充满激情，具有不惜任何代价去完成自己事业的决心，那么他的眼中到处都是机会，没有什么可以阻挡他的前进。

拿出你的勇气，尽你最大努力。下定决心："一定要做好"，这样的话，在做事的时候就会投入百分百的精力，收获成功。

要养成好习惯，坚持自己的个性，最重要的是马上去做你愿意做的事情，摒弃自己的错误观念。如果你的胆量不够，不敢坚持，缺乏魄力，犹豫不决，那你必须磨练修养，要相信上帝赋予你的能力，完全可以改正自己的错误，假若你做到这一点，那么你的错误也会很快的改正，你会发现自己经过这样的努力之后，离成功也就不远了。

英国的迈克逊先生就有这样的好习惯，他相信自己可以做好每一件事情，从不怀疑自己。遇到困难，就当机立断，绝不犹豫，徘徊不前。

如果你能变得勇毅果敢，那么你就有一个光明的前途。很多领袖人物都勇往直前，受人欢迎，他们的字典里没有"不"字，对于任何事情，他们都绝不退缩，勇敢面对。

如果一个人在危急关头，徘徊不前，消极逃避，肯定会闯下祸端，注定失败。反之，如果他具有坚定的意志，始终不动摇地坚持自己的信念，那么他很快就会成功。有时候意志的动摇，很可能给敌人制造一个打败你的机会。一个怯懦无能、优柔寡断的人，他的自信力也定将跟着受损，此时动摇意志，那么就很难成功了。

第四节　要敢于做革新者

爱因斯坦在 25 岁的时候，敢于冲破权威的束缚，大胆假设，沿着普朗克的理论发展，最后提出了光量子理论，为量子力学奠定了基础。随后对牛顿的绝对时间和空间的理论提出质疑，创立了相对论学说，成了物理学的权威。

很明显，跟着别人的步子，永远是第二名。这告诉我们一个道理：要敢于超过跑在前面的人，这才是强者。开办公司也要敢于往前"跑"。如何超过别人呢？这就需要依靠个性化的经营，创新意识。

很多公司都想使自己个性化，但无机可寻，所以开始借鉴那么成功公司的模式。一天两天、一月两月、几年过去了，一只处在模仿中，结果束缚了自己的创新能力。

公司的创新一定要有自己的风格，不然谈不上有自己的创新。创新不是模仿，而是在激烈的市场竞争中，根据自己的特点对产品进行各种改进、完善，使产品更有适应力和竞争能力。

现代人追求个性，社会发展也要有特色，确实，没有个性，没有特色，社会的淹没。同样，公司老板和员工的关系也要有自己的风格，既不能居高指示，也不要服从一切、逆来顺受。

　　举个例子，人们都知道马术的最高境界是"鞍上无人，鞍下无马"，但这正是鞍上有人，鞍下有马的最高境界。

　　要达到这一境界，需要人与马不断搏斗，降服与被降服，利用食物与恐吓交错的手段，使人的降马术与马的反抗成为一种默契。最后达到人马合一的境界，这个时候，马术的境界已经形成。

　　同样，公司老板与部下之间总会有些磕磕绊绊。不能忍受部属反抗的公司老板是愚蠢的；而不知反抗公司老板的部下则是全无主见的。因为：这种反抗就是新鲜血液，它能使僵化的公司体制重新活跃。如果公司只有老板一人拍板，部下只是服从，那么这样的公司就失去了活力：有时候员工的抗争可以改善公司老板与属下的关系。公司老板手下有众多下属，难免有时不公正或过于挑剔，影响了老板与下属之间的和谐。然而下属的反抗却给公司老板打了一针清醒剂，提醒他随时注意他们之间的关系。

　　所以，老板与部下之间应该有反抗又有妥协，有和谐又有冲突这样的新局面，它能促使上下之间的关系永远充满生机。员工不能老是跟着老板的意识"跑"，否则只是"努力"，不能产生革新者。

第五节 给自己一个正确的评价

前几年的电影《手机》在中国电影史的票房上创下一高，它的原形著小说《手机》的作者刘震云，在刚开始写小说的时候被同事嘲笑。但事实是，刘震云的小说被拍成电影，赢得了一片赞许。

刘震云的故事值得我们思索：他到底是怎么成功的？如果当初他听到朋友们的嘲笑，气馁了，罢手不写，还会有今天的刘震云吗？真正有了对自己的正确评价，他才会成功。当你别人对你的评价，而你却并不认同的时候，不用太在意，也不要轻信，要对自己有一个客观的评价，"走自己的路，让别人去说吧！"

自我评价是指对自己的思想、行为、品格进行客观全面地评价。因为自身所处的阶段不同，自我评价有时候正确，有时候错误，然而只有正确客观的认识和评价自己，才有利于发扬优点和改正缺点，才处理好与他人的关系，使自己全面发展。过高或者过低评价自己，都不能客观全面地反映自己的心理活动和动作行为，这样肯定发挥不了长处，更不利于克服缺点。如果只在意自己的缺点，觉得处处低人一等，就会失去信心，畏缩不前，造成怯弱、郁闷、消极等特点；如果一个人只是看到自己的优点，认为自己高人一等，自我欣赏，得意洋洋，这就很容易形成盲目乐观、顽固不化、自以为是等不良品行。

如何正确客观的评价自我呢？可通过下面几个方法来试试：

通过他人对自己的态度来正确评价自己。这并不是说完全依照他人的观点来评价自己，而是说，在进行自我评价时参考他人对自己的态度。以弥补自己对自己的分析、评价出现的一些偏差。所以，年轻人应当从别人对自己的语言、态度、行为中搜集有关信息，了解大家是如何对待、评价自己的，从而来判断自我评价是否公正。需要注意的是，在参考周围的人对自己的评价的时候，要知道他们的反应也是受到周围环境的影响，不一定是正确的评价，所以不要偏心一面。既要尽力了解他们，明白他们有哪方面的倾向；又要从多方面、不同时间段、不同的环境看待他们给出的评价。

人们在交往中，会不断地更新对自己和他人的认识。因此我们应该，认真对待他人对自己的看法，把它作为一个观点来看，从而不断地完善对自己的评价。这就是把别人的看法作为自我评价的一面镜子的过程。

通过分析自己的心理和行为来正确评价自己。自我评价对自我调节有重要的作用，对自己的意愿、动机、品行的评价，关系到自己的人际交往，也影响到与他人及社会的和谐相处。

通过比较与自己条件相似人的评价来评估自己。评价自己的能力、品德和价值，这样是比较现实，也是可行性较大的一种途径。

有这样一个故事，一个小和尚不懂自己的价值，就去问方丈。方丈给小和尚一块石头叫他去集市上，试着卖掉，这块石头很圆，也很好看。方丈说："不要真的卖掉它，只是摆在集市上。注意观察，多询问买家，然后告诉我它在集市上能卖多少钱。"小和尚拿着石头去了。在集市上，过往的人很多，有人觉得石头可以做很好的摆件，也可以让孩子玩，或者把它当秤砣使用。于是他们纷纷出价，只不过是几个铜板。小和尚回来说："能卖几个铜板。"

方丈又说："现在你去珠宝市场，在那试试，还是不要卖掉，只是问价。"从珠宝市场回来，小和尚很高兴，说："他们居然出价十两白银。"方丈说："现在你去珠宝店看看。"小和尚简直不敢相信，人们竟然乐意出十两黄金，小和尚不愿意卖，于是继续抬高价格，他们出到五十两黄金。但是小和尚说："方丈不让我卖。"珠宝商们继续抬价说："我们出一百两、二百两黄金，你说多少卖吧！"小和尚依然说："我不能卖，我只是问问价。"

第六节　从容豁达审视人生

　　富林克林在 23 岁的时候，就给自己写了墓志铭："本杰明·富林克林，一个印刷工长眠于此。就像一本旧书，目录已破碎，文字和镀金已经掉落，他的遗体将会腐烂，但他的作品将会永垂流芳，他相信他的著作经过后人的校订与修改，将会以更新的版本面世。"一个豁达自信的形象跃然纸上。

　　每个人都像风一样吹过这个世界。我们走过很多条路，渡过很多条河，跨过很多座桥，去过很多地方。我们曾和爱人甜言蜜语，跟亲人和睦相处，同朋友相互鼓励，也曾与有些人有过几次愉快的或不愉快的交往，与人生道路上的路人一生只见一次面。

　　面对我们周围世界的万千变化，你能否坚持？古代诗人陶渊明一直在抵抗。在他淡然的一生中，有一种壮烈的情怀。这个铁骨铮铮的汉子，他的真豪情，让我们不得不为之动容。

　　陶渊明是美国教科书中入选的三个中国人之一。美国人的理由是：陶渊明的上流生活，出污泥而不染。美国人觉得陶渊明不是一般的农民，他经常和士大夫阶层来往，并一起作诗饮酒，而不参与时政。他在作品中反映了他向往的田园生活，甚至把这种生活描绘或世外桃源。美国学者想告诉学生，在世风日下的魏晋时期，陶渊明卓尔不群，保持脱俗与回归自然的生活习惯和追求人的本性。

陶渊明追求的是一种淡定从容的生活：仁者乐山山如画，智者乐水水无涯。从从容容一杯酒，平平淡淡一杯茶。

梁启超曾评价陶渊明："自然界是他爱的情侣，常常对他笑。"的确如此，陶渊明在自然与哲理之间悟出了自己的见识，在贫困的生活与平淡的大自然之间形成了一种默契。就连平凡的农村生活在他的眼中和笔下也是一种富有韵味的美。

陶渊明，字元亮，又名潜，世人称靖节先生。东晋浔阳柴桑人。曾祖陶侃当过晋朝的大司马，被封为长沙郡公。其祖父曾任太守。年幼时父亲去世，家境逐渐没落。所以在陶渊明的少年时代，显赫的陶氏家族已经成为历史。日常生活显得拮据。

陶渊明曾在仕与隐之间徘徊。在那个时代，做官是所有文人的最终理想，所谓学而优则仕。但是陶渊明不怎么喜欢做官。在 29 岁时，出任江州祭酒的小官，不久之后就因"不堪吏职"挂印回家。此后一直隐居，一直到中年后迫于生计，再度出门任职。然而在做彭泽令的时候，他不想束带见督邮，说了"吾岂为五斗米折腰！"随后又辞官归隐了。这次是真的归隐田园，之后再也没有出山。

从他的生活中，不难看出他是个热爱自然、讨厌拘束的人。正如他的《归田园居》中："少无适俗韵，性本爱丘山。误落尘网中，一去三十年。"如果让他为官，每天处于逢场作戏和官场应酬的环境中，他肯定难以忍受。当他真正放弃了"功名利禄"之后，一个无拘无束的世界向他敞开了。我们可以从他的诗词中看出来，他的精神世界升华到更高的层次："种豆南山下，草盛豆苗稀。晨兴理荒秽，带月荷锄归。"实在让人向往。

东晋是个世风日下，佛教盛行、崇尚名士的时代，所以，才会些就陶渊明这样超世脱俗的田园诗人。自唐以来的许多大诗人，像李白、杜甫、白居易、苏轼、陆游，对陶渊明的评价甚高，他的风格也影响后世文人的艺术创作和人生态度。陶渊明的诗文代表了人类觉醒的主题，也告诉人们，人不仅要有物质生活，也要有精神生活。每当畅想"采菊东篱下，悠然见南山"情境的时候，便能感受到一种来自灵魂深处的自由与舒展。

"采菊东篱下，悠然见南山"。只有像陶渊明这样豁达、开朗的人才能做到。

第七节　不要过分追求完美

西施，美中不足的地方就是她的耳朵很小；王昭君，她的不足就是脚底板显得有些肥厚；貂蝉，由于天生很爱出汗，身体散发出来的味道让周围的人退避三舍；杨贵妃，她的不足就是由于身体过于丰满，走路的时候很容易发出不雅的声音。

在这个世界上，完美的个体是不存在的，十全十美的事也是不存在的，正因为不完美的存在，人们才有了追求，并为之奋斗不息，难道不是吗？

人们总是在追求完美，显得难以满足，总是渴望没有缺憾的生活。有一位年过七旬的老人，一生当中都在流浪。有人问他："为何不找个女人，安稳的生活？"老人说："我在找一位完美的女人。"那人问道："你流浪了这么多年，难道就没有遇见你心中的女人？"老人悲伤地回答："我曾经遇到过一个。""那你为什么不娶她？"老人无奈地说："因为她也在寻找一个完美的男人。"其实，像这样追寻完美的人很多，每个人都希望完美，但完美只能在梦里，在小说里，在电影里。缺憾是人生的一部分，懂得了这一点，我们的人生才更加丰富。所以，我们必须放弃完美，不要苛求完美。因为每个人都不是完美无缺的，这是一个令人宽慰的事实，我们应当极早地接受这一事实，向人生道路上新的目标迈进。

一位智者临终前告诉家人："如果生命能重新来过，我将不会再追求事事完美。只有确定了人生目标的人，才是一个快乐的人。因为把一切都做得尽善尽美的人并不是快乐的人。"

不要追求完美，美国著名的公共管理学博士、心理学教授乔治·西蒙说过"最好"与"好"对立的。他讲述了一个自己的故事：在他小学二年级时候，为了纠正习题里的一个单词而把本子弄破了。最后花了整整半天的时间，用一本新的作业本重写，为此苦恼得很，不知道到底是哪一步出了岔。他的祖母就讲一个故事：一个渔夫打渔的时候从海里捞到了一颗大珍珠，他非常喜欢。但是遗憾的是珍珠上面有一个明显的小黑点。渔夫想，如果能把这个小黑点去掉的话，这颗珍珠将成为最完美的珍珠。于是，他把珍珠磨掉一层，但是黑点仍在。然后，再磨去一层，黑点依然顽强的存在。经过多次打磨，最后黑点没有了，但珍珠也变成珍珠粉了。人们追求完美的代价往往就是将已经拥有的"大珍珠"也失去了。你可能浪费太多时间和精力去追求完美，但却没有时间去做好身边的任何一件事情。需要大家记住的是：见好就收。

女演员佩吉·阿什克罗夫特，有一次告诉导演诺里断霍顿，她从自身的经验以及和一些优秀的演员合作发现：有些伟大的角色，没有哪个演员可以从头到尾全力演出，只能尽他最大努力去演。高尔夫球员博比·琼斯也有相同的看法，他是唯一一个赢得高尔夫大满贯的高尔夫球员，包括美国公开赛、美国业余赛、北美公开赛及英国业余赛。他说：直到学会调整平稳自己的心态时才真正开始赢球。也就是说对每一杆球力求表现良好、发挥稳定，而不是寄望有一连串漂亮挥杆的成就。博比·琼斯的领悟来之不易，他在高尔夫球员生涯的早期总是力求杆杆完美。他必须与自己想超越自身能力的欲望苦战。每当他做不到的时候，他就会打断球杆，破口大骂，甚至会离开球场。这种脾气使得很多球员不愿意和他一起打球。

所以，我们要懂得，不必追求完美，有些看起来做得到的完美，未必值得花费时间去做。我们需要确认何时应该追求完美，何时见好就收。

第八节 走出自卑的陷阱

　　1972 年，尼克松连任竞选。第一任期的斐然政绩让大部分政治评论家都预测尼克松将以压倒性的优势获得胜利。然而，过去几次的失败使尼克松本人却很不自信，惧怕再次出现失败。在这种不自信的潜意识驱使下，他鬼使神差地干出了让其后悔终生的事情。他竟派手下潜入竞选对手总部的饭店，在对手的办公室里安装了窃听器。然而事发之后，他阻止对此事的调查，推卸责任。最后，尼克松被迫辞职。

　　人与人的交往需要平等相待，如果有了自卑心理，就很难与人来往，结果往往会导致失败。自卑的人总是过低地品评和过于挑剔自己，觉得自己与世上美好的事情无缘，把一连串的"不可能"按在自己身上——不可能像他人那样聪明，不可能有那样出色的成绩，不可能获得那样大的成功，总是感觉自己是多么的渺小，很少能正视自己，从而不能正确地看待和定位自己；自卑的人又总是把除自己以外，其他的人和事情想的过于神秘，过于玄妙，高估别人，贬低自己。殊不知，世界上比自己成功的、优秀的人并没想象中的那么多。

自卑心理并不是不可战胜的，而是可以克服的。当然这需要人们更多的宽慰、更多的鼓励。最重要的是，自己要树立自信心，有一种自己肯定会比别人做得更好的心理，这样你就会更加明显地发现自己的成绩，找到自己的长处。久而久之，自卑的心态就会像阳光下的坚冰，慢慢地融代。

有一个漂亮娴静的女孩儿，上课总是躲在教室的一个角落。每天上课前，她就早早地来到教室。放学后，又总是最后一个离开教室。过了一段时间大家才知道，她的腿在幼时得了小儿麻痹症而落下了终身残疾。自卑感在她心里油然而生，她不愿意让同学看到她走路的样子，因此，她也从来不与同学交往。在一次的演讲课上，老师让每个同学都走上讲台讲述一个小故事。轮到这个女孩儿的时候，全班40多双眼睛一齐向那个角落望去，女孩儿把头深深的地下去。演讲老师是新来的，还不了解全班的情况，他一直点女孩儿的名字。女孩儿犹豫了一段时间，才慢吞吞地站起来。这时大家注意到，女孩儿的眼圈儿红了。在全班同学的注视下，她终于一摇一摆，一步一步地走上讲台。当她站上讲台的那一刻，不知是在谁的带动下，骤然间响起了一阵热烈的掌声。在持久的掌声中，女孩儿忍了已久的泪水流了下来。

随着掌声的平息，女孩儿稳了稳激动的情绪，她用标准的普通话讲述了她童年的一个小故事。当演讲结束的时候，班里又响起一阵掌声。女孩儿很礼貌地向老师深深地鞠一躬，又向同学们深深地鞠一躬。最后，在赞许的掌声中一摇一摆地回到座位。

让同学们奇怪的是，那次演讲之后，女孩儿就像变了一个人似的，不再那么躲着大家了。她主动和同学们一起游戏、一起说笑，甚至还让同学们教她跳舞。自此之后，她的学习一直上升，尤其是数学和化学。高二那一年，她代表学校参加了全国奥林匹克数学竞赛，并且得了奖。

三年的中学时光，匆匆而过。高考结束后，女孩儿被北京的一所大学破格录取。在后来的一次谈话中，她说道："我永远不会忘记那一次演讲课，那一次掌声，正是因为那次掌声使我明白，大家并没有歧视我。我应该勇敢的笑对生活，那次掌声给了我第二次生命……"

俗话说："人不可貌相。""鸟美在羽毛，人美在心灵。"但是，在现实生活中，人们见到漂亮的孩子，会忍不住喜爱，称赞不绝；相反，人们对相貌平平的孩子，尤其是长相不好的孩子，则缺乏耐性，甚至会嘲笑、歧视他。人们对待尚未知世的孩子如此，更不要说对待成人了。年轻漂亮的女子，往往会在交往、婚姻等事情上赢得他人的爱慕，激起他人的热情，事情也很好完成。反过来说，相貌平平的人就没那么好的"运气"了，她们会处处碰壁。这样一来导致她们心灰意冷，苦不堪言，羞于见人，自卑心理严重。

如何走出自卑心理的困境呢？除了外部因素的干扰，更重要的是自我调节，可以通过以下几个办法进行调节。

首先，要认清现实，找到自己的长处。相貌是天生的，源于遗传，个人无法选择。如果因此陷于苦恼中，那生活将是不快乐的。

欧洲有句俗语："不要为打翻的牛奶哭泣。"这是一句富含哲理的话。面对既成的现实，要做的不是叹息、苦恼，而是努力从自己的天赋中寻找"闪光点"。人无完人，每个人总会有某些的缺陷，但又都有自己的优点，要善于发现和发扬自己的长处，用自己的长处和短处相比，把不利变为有利。

其次，要扬长补短，用才补貌。如果感觉相貌不佳，是一个"缺点"，那么就以横溢的才华、成功的事业等来弥补自己的遗憾。读伟人传记的时候都有这样的感受：许多的伟人相貌并不佳，甚至还有一些生理缺陷。他们之中也有人为自己的相貌或生理缺陷而苦恼过，自惭形秽，然而他们并没有因此感到自卑，沉陷于苦恼的泥潭。不佳的相貌或生理缺陷反倒激发了他们的奋斗热情，使他们全身心地投入到自己的事业中去，最终取得了成功，赢得了自信和尊严。这样的人很多，亚历山大、拿破仑、纳尔逊、罗慕洛、晏婴、贝多芬、济慈等历史名人，他们有的天生矮小，有的相貌平平，甚至有的生理缺陷，但是他们最终却成为了历史上伟大的军事家、外交家、哲学家、音乐家和诗人。他们的事迹流传千古，他们的形象高大辉煌。

成功学家卡耐基说过："一种缺陷，如果在一个庸人身上，他会把它当作是一个千载难逢的借口，竭力利用它来偷懒、求恕、躲避。但如果生在一个奋发图强的人身上，他不仅会寻找各种方法来克服，甚至还会因此干出一番不平凡的事业来。"希望那些经常为自己的相貌不佳而苦恼、自卑的人，能从这句话中得到启发，甩掉自卑，重新振作，塑造一个美好的形象。

一个契机可以改变一件事情，给予他人掌声就是一个鼓励，也是鼓励自己改变的契机。这样的契机在生活中处处都有。别人或许不会经常给你掌声，但自己发现并抓住这些契机，给自己以掌声鼓励。该出手时就出手，该表现自己时就要尽力去做。当别人对你竖起大拇指，对你说"你真棒"时，你就已经走出了自卑的陷阱，成为了一个自信的人。

第九节　走一步，再走一步

王蒙的朋友问他在新疆的 16 年中都在做什么，他答道："我是读维吾尔语博士后啊，两年预科，五年本科，三年硕士研究生，三年博士研究生，最后三年博士后，不是整整 16 年吗？"

一个人想要突破困境，首先要有自救的信念，这样才能征服自己，不再犹豫。自救完全能够替代朋友、金钱和地位带来的帮助，它比人性中其他品质能战胜更多的逆境，克服更大的困难，造就更大的事业。真正成大事的人是敢于自救、不惧困境的人。

那么，如何突破困境，进行自救呢？

用乐观、豁达的态度面对生活中各种各样的困难，很多人之所以不能自救，是因为不知道用怎样的态度面对生活。这就要从培养乐观、豁达的性格做起。

性格影响着一个人一生的生活。性格开朗的人总能看到生活中美好的一面，在这种人看来，根本就没有什么让人伤心欲绝的事情，即使在逆境和痛苦之中他们也能找到心灵的慰藉，正如在最黑暗的夜空中，心灵总能发现微弱的星光。虽然天空布满了重重乌云，看不到太阳，但他们依然坚信太阳仍在乌云上，太阳的光芒始终会穿过乌云照到大地上。

人们不会妒忌这种使人快乐而又简单的性格。具有这种性格的人，在他们的眼里一切都是美好的，每件事情都显得那么欢快、乐观、朝气蓬勃。他们的心中时时充满阳光。他们偶尔也会有精神痛苦、心情烦闷的时候，但他们不同于常人的就是能很快地面对这种痛苦，没有抱怨，没有悲伤，更不会因此浪费自己宝贵的时间，而是振作精神，奋勇前行。

我们不能否认这种人最显著的性格特点就是他们天性愉快、积极乐观、充满友爱，对生活充满希望。他们具有非凡的见识，敏锐的目光，他们最先突破厚厚的乌云看到了耀眼的阳光，他们善于从眼前的困境中看到未来的希望。即使在生病的时候，他们相信经过自己的努力，身体终会健康；在生活的艰苦磨炼中，他们学会了认真面对，改正错误，总结经验；在失败和痛苦面前，他们总是勇敢接受而不是逃避。正是在与困难和挫折作斗争的过程中，他们学到了许多，成熟了许多，更懂了生活的艰辛。这就是大多数能自救者的性格特点。

乐观、豁达的人，无论何时何地，他们都能感受到身边的美好。他们的活泼使整个世界都变得溢光流彩。在这种光彩照射下，寒冬会变成暖春，痛苦会变成力量。这种性格使生活更加熠熠生辉，使美丽更加灿烂夺目。快乐的心情像一条一路欢唱的小溪，带给人们无限的快乐；快乐的心情就是一口永不枯竭的清泉，带给心灵以宁静，使人的精力快速恢复。

尽管这种简单而快乐的性格天生的比重较大，但这种性格也可以像生活习惯一样，通过后天不懈的努力来养成。我们找不到生活的乐趣，主要是因为我们从生活中看到的快乐比痛苦少。我们到底是经常看到生活中光明多一些还是黑暗多一些，主要取决于我们对生活的态度。每个人的生活都具有两面性，问题在于我们如何去面对它。我们完全可以依靠自己强大的意志做出正确的选择，养成积极乐观向上的性格，而不是消极悲观落后的性格。乐观、豁达的性格是每个人在困境中自救的武器，是在黑暗的黎明相信阳光马上就会出现的信念。

《伊索寓言》中有这么一则故事：有两只老鼠，一只住在城市，一只住在乡下。一天，乡下老鼠写信给城市老鼠："老鼠兄，方便的话请到我家做客，在这里，可享受乡村美景，呼吸新鲜的空气，过着悠闲的生活？"

城市老鼠接到信后，急不可待，马上前往乡下。到那里后，乡下老鼠拿出很多玉米和土豆，请城市老鼠吃。城市老鼠不屑地瞧了一眼，说："这种清贫的生活你怎么能忍受呢？在这里，除了食物不缺，什么也没有，多么乏味呀！不如到我家玩吧，我一定让你开开眼界。"

于是乡下老鼠就跟着城市老鼠进城去。

乡下老鼠看到朋友住那么豪华、干净的房子，打心眼地羡慕。一想自己在乡下每天都在农田上奔波，以玉米和土豆为食，寒冷的冬天还得在寒风中找吃的，夏天更是累得满身大汗，和城市老鼠舒适的环境比起来，自己那乡村生活太不幸了。

它们相互聊了一会儿，就爬到人类的餐桌上开始享受美味的食物。突然，"砰"的一声，门开了，有人走了进来。他们吓得飞快地躲进墙角的洞里。

乡下老鼠吓得惊魂未定，定了定神，对城市老鼠说："我还是比较适合在乡下生活。虽然这里有豪华的房子和美味的食物，但这么每天都战战兢兢，还不如在乡下吃玉米来得快活。"说罢，乡下老鼠就回乡下去了。

这则寓言使我们看到两只不同性格，不同习惯的老鼠，喜欢各自生活方式。虽然他们都对不同的世界感到好奇，但是在经历了不同的生活之后，他们还是回到了自己的生活中，并且享受各自简单而快乐的生活。

不善于自救的人总是在意他人的快乐，而忘记什么才是自己的生活乐趣和奋斗目标，他们不确定自己到底在追求什么，从而在困境中越陷越深，不能自拔。

上帝只帮助会自救的人。汤姆就是这样的例子：曾经，他总是违背自己的良心，去偷窃。第一次偷窃是在大学，那天他偷了 95 美元。之后他又因持枪抢劫，被投入监狱，不久他得到保释。此后他参加了海军陆战队，然而，他仍然改不掉偷窃的习惯，即使在军队中。

事情就是这样发展着，汤姆距离人生道路愈来愈远。但他行窃越久，就愈感到惭愧。期初汤姆还没有感到更多的自责——因为他的犯罪意识变得有些迟钝了。但是他的潜意识里还存在着内疚。

后来，汤姆从军事监狱里出来后，搬到了加利福尼亚州，并且结了婚。在那里他开了一家电子公司。一天，一个叫安迪的人找到汤姆，他谈到一个想法，用一种电子装置去制造混乱，从此汤姆便加入到黑社会中了。不久，他便有了一辆价值 1 万美元的汽车，并在郊区买了一栋别墅。

一天，汤姆的妻子和他发生了争执。她想要知道这么多钱怎么来的，汤姆怎么也不肯说，后来她哭起来。汤姆深爱着自己的妻子，看到妻子掉泪，就安慰她到海边兜兜风。在去海边的路上，他们遇上堵车，几百辆汽车涌进一个停车场。

"快看"他的妻子指着，"那是威尔逊！我们去听听他的演讲吧，听说可有趣啦。"

汤姆为了使妻子开心，就停下车走过去。但是没听多久，他就变得坐卧不安。他觉得威尔逊似乎就是在对他讲话，良心使汤姆感到不安了。威尔逊的论点是：

"如果一个人获得了世界，却丢失了他的灵魂，这对他来说有什么意义呢？"

威尔逊又说："这儿有一个人，他在听这些话的时候，肯定为自己的过去感到愧疚，他很想改变自己，但是从未做过什么来改变自己。现在这将是他最后的机会。"

他最后的机会？对汤姆来说，这个让他很吃惊。这到底是什么意思呢？

汤姆想着自己以前犯下的罪行，总有想哭的感觉。他突然对妻子说："我们走罢。"妻子顺从地走向一边，但汤姆抓住她的肩膀，拥抱了妻子。"不，亲爱的！走这边"

若干年后，汤姆完全像变了一个人，重新开始了他的生活。一次，他在肯尼亚发表了一次演说，讲到他的过去，特别是他下决心改变自己的那天。在他们离开不久，他被告知去一个地方执行一次窃听任务。"我坚决不会去，"他攥紧拳头，"上帝不会可怜自甘堕落的人，上帝只会救助那些敢于自救的人！"

要相信每个人来到时间都是带着世间的使命，是为了成就你自己。许多人一生碌碌无为，在困境中是犹豫不前，从来没想过自救，这样的人肯定被上帝抛弃，被社会遗弃。

困境不可怕，可怕的是你太在乎困境，只要你学会自救，等来黑暗的黎明，阳光总会到来！

其实很多人都喜欢依靠"拐杖"走路，尤其是依靠他人的"拐杖"走路。对每个人而言，明智的选择是：扔掉"拐杖"，迈步向前！身处困境时，只有依靠自己，撇开"拐杖"，破釜沉舟，才能获得最终的胜利。自立是打开成功之门的钥匙，自立更是无限动力的源泉。

在生活和学习中，你是否有过这样情况：在没有得到别人的建议、帮助前，不敢做出自己的选择；在做决策，特别是面对多方面选择而要做出决定时，经常需要他人给予答案；即使知道他人是错的，也不敢表明自己的态度，而是随声附和；缺乏自信，总感觉自己的决定可能有错，带来可怕的后果，害怕面对。

阳光总在风雨后，只要我们坚定信念，勇往直前，再大的困难也不会阻挡我们前进的步伐。迎难而上，所有的困难就会被各个击破。每当遇到困难，就是检验我们能力的时候。不用刻意的放大困难，在困境中寻找机会，在困境中自救！

"继续跑完下一圈"的原则不仅是对赛场上的运动员很有用，对生命征途上的你也有重要的作用。

很多成功人士都有这样的体会，进步是依靠一点一滴的努力与付出取得的。例如，高楼大厦是由一砖一瓦堆砌成的；篮球比赛的最后胜利是由一个又一个的进篮累积而成的；商场的繁荣也是靠着一个一个的顾客惠顾形成的。所以说每一个成功的案例都是由一点一滴的进步完成的。

继续保持下去是实现任何目标的重要做法。戒烟最好的方法就是"我又保持一个小时没抽烟了"。很多人采用这种方法戒烟，戒烟成功的比例很高。坚持一个小时不抽烟并不是要求他们永不抽烟，只是要他们决心保持在一个小时不抽烟。当这一个小时结束时，只需把他的决心改为下一小时就行了。当烟瘾发作时间及延长时，保持时间就延长到两小时，然后再延长到一天，最后完全戒掉。那些突然想立刻戒烟瘾的人必定会失败，因为他们心理上会受不了。保持一个小时不抽烟很容易，但是永远不抽就很难了。

　　坚持下去是实现任何目标的唯一法宝。对于那些刚入职的员工来说，不管被安排的岗位有多么的不起眼，都应该把它当作是迈向成功的好机会。

第十节　我就是独一无二的

奥格·曼狄诺在他的《世界上最伟大的推销员》一书中讲到："我是世界上最伟大的奇迹。自上帝创造了天地万物以来，没有任何人是和我相同的，我的大脑、灵魂、眼睛、耳朵、四肢、鼻子、嘴巴都是与众不同的。行为举止和我完全一样的人从前没有，现在没有，以后也不会有。虽然我的朋友很多，然而每个人都是不同的。我就是独一无二的。"

当今，有很多人质疑自己会成功，甚至怀疑自己是否具有成功的能力。他们经常找各种借口、理由来敷衍，导致自己一事无成。在许多人身上，我们几乎很难发现他们追求成功的影子，相反，他们给人的印象倒像是遭受社会遗弃的受害者。

怀疑主义是一切成功的绊脚石，也是个人追求自我超越的死对头。怀疑自己的人，大多数是很难成功的。要相信自己，相信你的朋友、相信你的家人，相信你的理想最终肯定会实现，相信你的成功是自己的不懈努力，而不是幸运之神对你的眷顾。

世界上没有两片相同的叶子，因为每片叶子都有自己的特征。我们人类也如此，每个人的指纹、声音和 DNA 都不相同。所以我们每个人都是独一无二的。

客观地认识你自己是有些困难，然而想成就一番事业，有所作为，我们必须要学会正确地认识自己。举例来说，你可能在数学方面有所欠缺，或怎么也记不住英语单词，但你在处理事情方面却有一套，善于交际，具有较强的组织能力；你在物理和化学方面比其他同学差一些，但在写作、诗词方面是高手；也许你分不清五线谱是怎么一回事，但却具有很强的动手能力；或许你连一个苹果也画不像，但却能唱出婉转的歌声。在充分认识自己的前提下，如果你能认准目标，扬长避短，尽自己最大努力把一件工作或一项事业认真地做下去，不久的将来，肯定会有一番作为。你要坚信：天生我材必有用！

很多人都不知道著名小说家柯南道尔的本职是医生。其实每个人都有自己的闪光点，每个人都有自己的天赋和特长，如果你选择了适合自己特点的方向去努力，距离成功就不远了。

在成功的道路上，我们除了要认识自己、相信自己，还需要一点催化剂"勇气"。拿破仑一生的座右铭是"勇往直前"，这也是世界上大部分成功者的成功秘诀。

勇气能使每个平凡的人做出令人震惊的事业。意志不坚定和怯懦的人即便有出众的才华、优良的天赋、高尚的品格，也很难取得更大的成就。

一个人的成功与他的勇气是有密切联系的。如果拿破仑在率领军队翻越阿尔卑斯山的时候，望着山顶说："想要越过这座山太难了。"那么他永远不可能越过那座高山。总之，无论你从事哪个职业，勇气是取得成功所必需的，也是最重要的因素。

自信，是走向成功的动力。无论才华多少、天资高低，成功都取决于是否具有坚定的自信心。相信能自己做到的，就一定可以成功。如果连自己都不相信，那么成功离你也就越远。只有认识到这一点，加上自己的不断努力，你最终可以成为杰出的人物。所以，每个人都要有一个坚定的信念，相信自己，相信"天生我材必有用"。

英国著名的心理学家维克托曾说："看轻自己的人，肯定也会被别人看轻。"体育界流行一句话："如果不用，就会失去。"肌肉如果不运动，就会萎缩，而且这种萎缩程度甚至可以危害身体健康。如果我们不去发掘我们的潜在能力，这些能力就会造成自我毁灭。你只有不断地发掘自己的潜能，你的一生才会丰富多彩的。我们要充分认识自己的潜能，才能最大程度的开发它们。

一个人只有积极的认清自己，才能确定自己的奋斗目标，并为自己的目标奋斗。因而他能积极地发掘并利用自己的巨大潜能，干出不平凡的事业来。丘吉尔曾说过："成功的人不是那些天赋很高的人，而是那些把自己的能力尽可能发挥到极致的人。"

想象自己能够成功，用积极的意识推动行为的发展，通过坚持不懈的努力，你就能成功。每一个人都是独一无二的，我们独一无二的显著特征就是，我们通过自己意识的作用而改变自己。我们对自己的认识、对自己的定位以及我们确立的奋斗目标决定着我们在这个世界上独一无二的位置。

第五章
过眼皆空总成一梦

第一节 不畏诱惑，守得方圆

在美国田纳西洲，有个秘鲁移民，他在自己的居住地拥有6公顷的山林，当时美国正值西部淘金热时期，这个秘鲁人卖掉了自己的山林，举家去西部淘金。他在美国西部购买了八九十公顷土地钻探，幻想能够在这里挖到铁矿或者金沙。5年过去了，他不仅没有找到他想要的金子，更是耗光了家底，最后只能回到田纳西洲。然而，当他回到家乡时，那儿扎满了密密麻麻的工棚，四处都是机器轰鸣。原来，就在他卖掉的那座山林底下，埋藏了一座金矿，直到现在，这座金矿依然被开采着，它就是美国出名的门罗金矿。

漫无目标、人云亦云是不会成功，就像这个秘鲁移民。如果你想成功，就一定要树立一个明确的目标，勇往直前，一步步扎实地走下去。若是在这条路上，你朝秦暮楚，今天想这样明天想那样，最终只会离成功越来越远。不管是谁，只要想登临成功的巅峰，明确的目标是少不了的。坚定的目标是成功必备利器，失去了目标，即使是天才也会迷失在纠结与矛盾的路上，最终一无所获。那些出类拔萃的人均是在青春时期就明确了自己将要奋斗的方向，并且从始至终都把自己的精力与能力付诸于这个方向的人。

诚然，眼下在各种各样目标中迷失了自我的人越来越多，而专攻于一项事业的人越来越少。有这样一个故事，讲的是猎豹抓兔子，非常符合这种现象。

苍茫的非洲大草原上，有一群兔子在草丛间欢快地嬉戏，突然，这时候不知从哪里冲出来一头猎豹，猛地扑向了兔群。兔子们惊慌失措，四散逃跑，然而，猎豹并没有左顾右盼，它紧紧盯着其中一只兔子飞奔，穷追不舍，它超过了一只只在它身边惊恐莫名的兔子，并没有因为其他的兔子离它更近些而放弃了最初追赶的那一只。最终，猎豹扑倒了自己的猎物，将之狠狠地擒下了。

如果猎豹没有如此专一，而是看见一只抓一只，很可能抓不到自己事先看中的兔子，而且也抓不到半道上追逐的兔子，最后一无所获。因此，猎豹才要死死盯住一只兔子。目标转移不动摇，全力以赴，只有这样才可能增加自己成功的概率，甚至实现自己都想不到的一番事业。

有个父亲带着自己的三个儿子到草原上捕猎野兔，到了目的地，一切都准备好了，在开始行动前，父亲问了三个儿子一个问题："你们看到的是什么？"

大儿子说："我只看到了这茫茫的草原，其他什么都看不到。"

父亲摇摇头。

二儿子说："我看到了父亲、哥哥和弟弟，而我们正准备寻找猎物。"

父亲又摇摇头。

这时候小儿子低声回了一句："你们都小声点，我看到了一只大兔子。"

父亲微笑起来，低声道："你说对了。"

明确的目标能够为接下来的行动指明正确的方向，能够帮助我们在实现目标的道路上不走岔路。没有目标或者目标太多都会影响我们前进的步伐，要想实现自己心中的梦想，却又没有符合实际的目标，最终很可能一事无成。

　　歌德曾经说过，一个人不可以骑着两匹马，骑了这匹，另一匹就要丢弃。这是一种选择与放弃的学问，你想好做这个，就要放弃另一个，鱼和熊掌不可兼的，否则哪一个都得不到。聪明的人会把分散自己精力的事情搁置一边，只专心致志地做一件事，并且将之做好。

　　现在在职场中，做兼职已经不是什么新奇的事儿了，很多人把兼职当成展现自身能力的一种手段，更有一些人认为做兼职是一种多干多得的方法。然而，要明白的是，基本上每一个上司都不喜欢自己的员工去干私活儿，他们觉得这种行为是不忠实于公司的表现，对公司的利益有一定损害。

　　没有目标或目标太多都不能促进我们进步。只有一心一意地追求自己既定的目标，才是最明智的。对于职场中人来说，兼职看着是"馅饼"，其实是"陷阱"，在职场中，"脚踩两条船"的行为是遭人诟病的，早晚有一天，上司会认为你是公司的"定时炸弹"，是对方的"间谍"，从而对你采取行动。因此，只有全心于本职工作，并将之做好才是聪明人的选择。

　　怎样体现一个人的价值呢？一个人的价值并不是他有什么，而是他在追求什么。猎豹抓不住兔子，只是因为它眼前的兔子太多了，而你成不了大才的最大问题就是你的"才"太多了，今天做这个，明天又去鼓捣那个。其实看准一只兔子并不难，难的是怎么不被外界的花花绿绿诱惑。这个多彩缤纷的世界，有太多的东西令人眼花缭乱。

　　这个世界上最可怕的人就是态度认真的人。想要经受得住外界的诱惑，就需要确定自己的目标，并且锁定自己的目标，绝对不要改变。并且一直告诉自己：这就是属于你的，并且只有一个。

有位世界 500 强企业的 CEO 曾经说过："我认为忠诚价值连城，对家庭忠诚，对企业也要忠诚，我回到培养了我的公司，担负起拯救公司的重任，这就是我对企业的忠诚。而我的目标就是唤醒所有员工对自己企业的忠诚之心。"

现如今，我们身边的很多人都把自己的工作当作出卖劳动力，他们从不具备敬业精神，更认为忠诚是一种愚蠢的行为。因此，在工作中，他们敷衍塞责，心里只想着跳到下一家福利待遇更好、工资更高的公司。事实上，如果你连自己现有的本职工作都做不好，只寄希望于下一家，那么你将什么都做不好，也不会有什么收获。

人的一生，最重要的就是寻找一份终身事业，它能够让我们全力以赴，并且给我们相对应的回报。什么才是自己的终生事业呢？凡是自己专心忠诚的工作，将全部精力付诸于其中的事业就是你的终身事业。

虽然草原上的兔子有很多，但是属于你的兔子却只有一只，同时追逐两只兔子的人，最终只会一只都抓不住。你要做的就是时刻盯着你认准的那只，而非一会儿这只，一会儿那只。

当初哥伦布发现美洲新大陆之前，他会知道自己将要驶向何方吗？他的目标就是前进，前进的目标逼着他没有后退过，而正是他心中确立了明确的目标，沿着心中的指针走，才成功地发现了美洲。

在事业发展过程中，我们应坚持用自己的两条腿走路，一个拳头解决问题，而不是做一个追逐两只"兔子"的人。每个人精力都是有限的，多做一份工作，不管这份工作是多么容易上手，多么前途无量，都会分散人们的时间、精力和才智。年轻人还处在人生的原始资本积累期，集中精力做好一件事就很不简单了，更不要说分散精力做好几件事了。

人的精力是有限的，但选择是无限的，走的道路也是无限长的。每一天都有不同的诱惑钻出来，如果不能控制自己的心智，专注于一项事业，就会在各种机会中摇摆不定，最终无所成就。

如果一个人只戴着一只手表，那么他就能够明确现在的时间；而如果他戴着两只手表，那么就不好判断了，因为两只手表总是会有误差的。世界上没有两只时间上绝对相同的手表。同时追两只兔子，最终只会两手空空，这只能说明一个道理：不管做什么，并不是做得越多越好，画蛇添足，得到的就是个四不像了。

在追兔子的时候，为什么猎豹就能不顾左右的诱惑，死盯着那一只而紧追不放呢？原因就在于：猎豹知道如果被其他的兔子诱惑，一会儿抓这只，一会儿追那只，很容易就把自己累得跑不快了，而那些动作敏捷的兔子就可能将其远远甩开。这样，猎豹最后只会一只兔子都逮不到。

因此，猎豹是不会傻到放弃已经被自己追累了的兔子，跑去抓其他兔子的。人生不就猎豹逮草原上的这些兔子么，一旦认准了其中一只就义无返顾地追下去，守住自己的那只兔子，不被其他的诱惑，才能最终迎来成功，这就是成功的秘诀。

第二节 实无所舍，亦无所得

　　春秋战国时期，魏国的信陵君，为人诚恳忠厚，讲仁义。信陵君门客三千，其中有个叫侯生的门客，由于出身低贱，长相平平，才能不高，经常被其他的门客挤兑，也被家人鄙视。然而，信陵君依然以礼相待，对他没有任何嫌弃之心。不仅如此，信陵君更加尊重他，愿意听他的意见，满足他的要求。

　　公元前248年，赵国都城邯郸被秦国围攻，赵王几次派遣使者向魏国求救。魏王不想引火上身，不肯出兵，但是在几国合纵抗秦的压力下，又不能对友邻见死不救，只得派大将晋鄙率十万大军前去救援，声势虽然浩大，事实上却裹足不前，仅仅驻军在邺下。

　　信陵君经常请求魏王令晋鄙进兵，魏王完全不听从他的意见。信陵君非常恼怒，带着自己的三千门客打算和秦军对抗。

　　临行前，信陵君叫来侯生，但是侯生十分平静，对信陵君的这种行为无动于衷。信陵君看到他这个样子，有点生气，就留下侯生，带着其他人出发了。然而，他走了十多里地，心里越想越纳闷，于是他打算回去找侯生问个明白。原来侯生用的是一招欲扬先抑，他故意装作很冷淡的样子，让信陵君感到奇怪，然后再说明原因，提出自己意见。侯生说，信陵君的这种行为就是以卵击石，与其率领三千人去送死，不如窃取魏王的兵符，操控前线大军。

最后，信陵君听从了侯生的话，在好友朱亥的帮助之下，偷来了兵符，取得了晋鄙的兵权，最终大败秦军。

成功的喜悦总是伴随着辛勤的汗水，凡是有所得，就要有所舍。佛经《了明四训》里这样解释，实无所舍，亦无所得，是谓"舍得"。舍得，不管是用于艺术还是用于人生，都是一种关于取舍的哲学。舍得是一种大智慧，在舍与得之间，是一种和谐之美。

信陵君的成功并不是偶然。他仁义、诚恳，对人一视同仁，舍得给予，因此，当他有难时，很多人都会帮他，甚至以身相随。

商人始祖范蠡曾经辅助越王勾践打败了吴王夫差，功成名就后，他毅然辞官经商，没过多久就富甲一方，被后人尊称为陶朱公。后来，陶朱公次子因杀人被囚禁楚国，为了破财免灾，他打算拿钱赎回自己的儿子，于是吩咐小儿子来办这件事。

大儿子知道以后，立刻找到自己的父亲，说："这么大的事情，父亲竟然交给小弟却让我留在家里，是不是觉得我能力差，办不成？既然是这样，那我还有什么脸面活着呢？"说着竟然要死在父亲面前。陶朱公迫于无奈，只能让大儿子去，并且嘱咐他说："到了楚国，马上把钱和信件交给庄生，他和父亲是很多年的朋友，不管他怎么办，你都听从他的安排。"

大儿子找到庄生的家里，发现其家中遍布杂草，连个仆人也没有，心里觉得父亲肯定看错人了，不过他还是把信和钱给了庄生。庄生看完信，收了钱，对大儿子说："现在你速速离开我家，等到你弟弟出来，你们就一起离开回国，不要问其中发生了什么。"不过大儿子并没有听庄生说的，不仅没走还跑去贿赂其他的权贵。他根本不知道庄生贫穷只是因为他非常清正廉直，而庄生在楚王面前讲话却是非常有分量的。

庄生后来求见了楚王，说最近星宿来犯，恐怕会有不好的事儿发生，只有广施恩德才能免除这场灾难。楚王听从了他的话，决定大赦。陶朱公大儿子听到了这件事，认为弟弟这回肯定能出来了，觉得给庄生的钱太多，就找到庄生，打算要回那些钱。

庄生非常生气，感觉自己被一个后生欺负了，就又和楚王说："听说陶朱公的次子杀害了我国百姓被囚禁，有人声称此次大赦是因为陶朱公贿赂了我国的大臣，这实在是毁损了您的名誉啊。"楚王听了，立即说："那就在大赦之前先杀了他吧。"最后，陶朱公的大儿子只能带着自己弟弟的尸骨回家了。

大儿子回家以后，陶朱公悲痛欲绝，自言自语道："我早就料到了这一天，大儿子虽然有心救弟弟，但是他从小生活贫困，因此非常看重钱财，小儿子从小就不知道什么叫贫穷，挥霍钱财，这件事要是让小儿子去办，绝不会因为舍不得花钱而误事啊。"

每个人都不可能想要什么就拥有什么，有的时候，只有适当地放弃一些利益，割舍部分才能得到想要的东西。人的一生，就是这么患得患失地度过，舍不得，就没法得到将来的幸福。就像我们走在路上，周围的风景美不胜收，如果舍不得而停下了前行的脚步，我们就会失去前方更多美好的风景。

遇到强大的敌人，章鱼会舍弃自己的内脏来保全自己的性命。遇到天敌的时候，蜥蜴也会舍弃自己的尾巴死里逃生。小蝌蚪能够成长为青蛙，也是因为它舍弃了自己一条漂亮的尾巴。由此可见，实无所舍，亦无所得。不过在现实生活中，很多人只看得见"得"，却看不见"舍"。要知道的是，什么都只想着得到的人，最后可能会被外物连累，最终一无所得。

第三节　吸引财富又不受制于财富

寻案问典

查斯特·菲尔德爵士曾经给自己的儿子写信道："你应该听过'幸福是金钱无法买来的'这句古老格言吧！我和你差不多大的时候，要是听到别人和我讲这句话，肯定会反击对方：'真的这样吗？要是我花钱向别人买我喜欢的东西，说不定对方还会感激我呢！'然而，经历了这么多年的风风雨雨，我才真正明白了这句话是什么意思。就算你是亿万富翁，你也无法买来他人的尊敬，没有条件的爱情，以及上天恩赐的健康，在我看来，真正的幸福才是这些。"

查斯特·菲尔德爵士认为"在一般人的眼中，如果你财力雄厚，就会被大家当成一个成功的人。通俗地讲，财富程度成为判断实业家是否成功的标志，这种说法是有一定道理的。然而，不要忘了，人生除了实业还有很多走向成功的方法，他们的第一目标不是积累财富，而是成为各行各业最优秀的人才，这种人对于工作的伟大，是金钱无法衡量的。"

当你迈向成功顶峰的时候，你应该是拥有财产的，而不是被财产拥有。

有一个富翁，他最害怕的就是出去旅行，因为他怕自己走以后，会有人来盗走他的真迹油画、大屏幕彩电、高科技录像机、立体音响，以及大量的古典、流行光盘和影带，数以千册的精装图书。他给自己所有的物质财产都上了保险，当然，这中间有一部分的确有相当高的价值。我们不难理解这位富翁为什么忧心忡忡，因为他坚决认为自己的财富是非常宝贵的。真是这样吗？或许，换个角度想，只是这些财产桎梏了他？

大学毕业生得到了一份高薪的工作。但他还是为钱所困，究其原因，他认为工作的目的就是赚钱。正是出于这种恐惧心，大多数人都害怕失去工作。

担心付不起账单，担心遭遇天灾人祸，担心没有足够的钱，担心解决不了温饱问题，所以抱有此其担心的大多数人希望能有一份稳定的工作。为了这种稳定的安全感，他们去学各种专业，为了钱拼命加班工作，大部分人变成了钱的奴隶。

在现在社会中，丈夫和妻子都会去工作，两人的收入让他们觉得满足。他们认为自己获得了成功，未来是光明的，因此萌生了买房、买车、生孩子的想法。有了这些想法之后，问题就来了，为了实现这些目标，他们需要更多的钱。于是他们努力工作寻求升迁和加薪的机会。紧接着他们变成了优秀个人、先进工作者，又去学校参加更多培训，只为了能够多赚一些钱，后来他们干了两份工作。收入有了大幅提升，但同时支出也比以前更多了。他们的工资单数字越来越大，但令人费解的是，钱却不知道都去哪了。他们为了赚更多的钱而不停工作，但迎来的却只有没完没了的催款单和债务，为了还清这些债务，他们更加努力工作，又迎来了更多的债务，最终身陷紧张的财务中无法自拔。

他们一辈子都在努力地工作，但这个痛苦的过程又会在他们的下一代身上重复。有个专家称这种现象为"老鼠赛跑"。他认为，一旦人们开始奔波于生活中的各种账单，他们就像那些被关在小铁笼子里不停奔跑转圈的小白鼠一样，小白鼠跑得飞快，小铁笼子也转得飞快，无论小白鼠多么奋力地跑，它们会发现自己仍然被关在老鼠笼里。

你要记住的是，你应该拥有金钱，而不是被金钱控制！那么，怎么才能拥有金钱又不被金钱控制呢？

不要被金钱束缚了自由飞翔的翅膀。金钱可以买来舒适，使人得到自由，然而，如果钻到了钱眼里，金钱就会成为束缚个人自由的绳索。令人难过的是，金钱带来的诱惑似乎和自己手中拥有的财产成正比，你手中的财产越多，你就越想要更多的财富。同时，每增加的一分钱的价值，又好像和它实际的价值成反比，你手中的越多，你需要的就越多。就像亚里士多德笔下描写的那些富人一样："他们的生活围绕的中心就是他们应该不断增加他们的金钱，或者用尽全力不让它减少。"虽然亚里士多德从不宽容这些富人，但是也没有强烈抨击他们。"一定的财富数目可以为我们带来一份美好的生活，财富数目却是没有限制的"，他警示世人，如果你走进了物质财富领域，最容易迷失自己的方向。

李先生是一个 41 岁的房地产开发商，他说："虽然我现在的财产超过了200 万，但我还是有很大的压力，我没办法拿自己每年 15 万英镑的收入实现收支相抵。我觉得自己正处于失控范围，我总是四处奔波，然而还是错失良机。当我不得不作出决定的时候，我有一种被人一拳塞进肠子，死死不松手的错觉。每当深夜的时候，我都会起床，伏案给自己进行规划，只为了能让自己平静下来。我无法入睡，无法让自己停下来。即使是这样，我还是没办法进步。"

在李先生的眼中，他以前获得的一切都是没意义的，他认为，只有达到了自己的金融目标，才会有成功的感觉。金钱已经变成了他的精神支柱，成为衡量人生价值的标准。他心里明白金钱本身不会带给他幸福感，但是在重新定义自身价值和找到优先考虑的事情之前，李先生会一直摇摆在成功的边缘，把他的家庭和自身的健康置于危险之中。

迷恋金钱的表现形式有很多种，李先生的行为只是其中一种。

不过，有一条共同的线索把所有可能的情况都串了起来，那就是金钱作为实现美好生活手段的金钱的价值已经消失了，而金钱的本身却成了一种目的。如果金钱被优先考虑于健康、家庭、爱情、信任以及个人幸福之前，那么它就会慢慢腐烂了。金钱本身的价值超过了实际的市场价值，这种腐烂就会更加快速地渗透。索尔·贝娄在他的《洪堡的礼物》中写道："抓住金钱并不是很难。它就像小冰块一样。你没法刚刚获得了它，就去享受安逸的生活……当你得到金钱以后，你会经历一番质变。你需要和内部、外部的可怕力量进行竞争。这些力量可能会产生嫉妒、不信任，甚至是憎恨比你拥有更多的人，对阻碍你发财的人抱有敌意。"

不管你的身份、年龄、职业、文化程度是什么，你都会吸引财富，也会排斥财富。

如果你想吸引财富，那么你就应该向乔治·斯太菲克学习，花费时间来思考、研究、规划如何吸引财富了。

斯太菲克曾经在美国伊利诺斯州亨斯城的退役军人管理医院里疗养，也是在那里，他偶然间发现了思考的价值。当时，他正处于经济破产的现状中，但是在疗养的过程中，他拥有大量的时间。每天他能做的事情就是读书和思考问题，当他读了《思考致富》一书后，他觉得特别高兴。

他很快想到一个好主意。斯太菲克发现，许多洗衣店为了保持刚洗的衬衫的硬度，都会把衬衫折叠在一块硬纸板上面避免褶皱。他给洗衣店写了几次信，了解到这种固定衬衫的纸板每千张就要花费 4 美元。他觉得，如果他以每千张 1 美元的价格来售卖这些纸板，并且在每张纸板上面都登一则广告。从登广告的人付的广告费中，他就可以获得一笔收入。

有了这个好主意后，斯太菲克出院后就投身到了实现它的行动中！

在广告领域中，虽然斯太菲克还是一个新手，但是他遇到任何问题都会尽量尝试，有时候尝试会遇到错误，但是尝试也会带来成功，斯太菲克最终赢得了成功。

成功的斯太菲克依然保持了自己在住院时养成的好习惯——每天都抽出一些时间来学习、思考和做计划。

后来为了增加自己的业务量，提升自己的服务，斯太菲克又发现，那些衬衣纸板一般被顾客拆除以后，就不会被保存了。于是，他问自己："如何才能让很多家庭留下这种带广告的衬衣纸板呢"没过多久，他就想到了解决的办法。

在衬衣纸板的一面，他继续印刷黑白或者彩色的广告，但是在另一边，他增加了一些新奇的玩意儿——一个好玩的儿童游戏，一道提供给主妇的家庭食谱，或者是一道吸引人的字谜，斯太菲克后来讲到这样一个故事。有个男人抱怨自己有张洗衣店的清单莫明其妙失踪了。后来，他才发现原来他的妻子把清单和一些衬衣一起送去了洗衣店，这些衬衣本来还是可以再穿几天的，但是妻子之所以会这么做，只是为了能够多拿一些斯太菲克的菜谱！

不过斯太菲克并没有因此暗自窃喜，裹足不前，为了进一步扩展业务，他雄心勃勃。这时候他又展开了思考："怎么才能扩大业务呢？"没过多久，他又有了答案。

乔治·斯太菲克将自己出售给各大洗衣店的纸板收入都捐献给了美国洗涤学会。相对应的，该学会建议每一名成员自身以及所在的行业工会都来购买乔治·斯太菲克的广告衬衣纸板。从这件事斯太菲克又有了一项重大发现，那就是你给别人越多好用的东西，你获得你想要的东西就越多！

静下心来，安排一段时间以供思考带给了乔治·斯太菲克一笔可观的财富。他发现，要想成功地吸引财富，抽出一部分时间用来思考，是非常重要的。

在最安静的氛围中，我们才会想到最棒的主意，当你安排一段时间来思考的时候，不要认为你浪费了时间。不管从事什么事，思考都是最基础的，只有积极地进行思考过后，才能真正地支配金钱，赢得金钱，成为金钱的主人！

第四节　不要因现状而沉沦于平庸

在年轻的富兰克林还只是一个学徒期刚满的印刷工人的时候，他并没有满足于现状，而是把自己手中的每一件事都做的尽善尽美。他的排版系统甚至比雇主的还现金，工作质量远远超过同事。当时精明的商人纷纷预测这个年轻人将来必定大放异彩，因为他没有甘于平庸，总是充满了乐观自信，全身心投入工作，努力学习钻研，尽管那时候的富兰克林还只是一个囊中羞涩，生活困顿的青年。而历史也印证了人们的猜测，许多年后，富兰克林不仅拥有了自己的印刷企业，还成为出版商、记者、作家、慈善家，最终成为美国著名的发明家与政治家。

有句话说得好，人可以平凡，但是不可以平庸。平凡的人会将平凡的工作做得伟大，但是平庸的人只会将伟大的工作变得十分渺小。平凡是一种积极的人生态度，但平庸带来的却只有消极。平凡可以让你的能力发挥得淋漓尽致，但平庸只会让你踟蹰不前。

李江和王力是大学同班同学，毕业以后，由于找不到工作，两个人就降低了自己的要求，应聘了一家工厂。正好这家工厂缺两个负责打扫卫生的职工，就问他俩有没有这方面的意愿。李江想了一下，便决定接受这份工作，因为他已经不想继续啃老了。

虽然王力从心里瞧不起这份工作，不过他还是想陪老同学待一阵子。因此，上班的时候，他懒懒散散，打扫卫生的时候也十分敷衍。前几次被老板发现后，觉得是因为他大学刚毕业，缺少锻炼，加上如今工作不好找，很同情两个大学生的处境，就没和他计较。但是，王力对自己的工作非常抵触，每天都只是在应付。最后，三个月试用期后，他就彻底放弃了继续打扫卫生的念头，辞职重新加入了找工作的大军中。然而，哪里才有适合自己的工作呢？紧接着，王力不得不靠着父母的资助度日。与之相反的是，李江在工作的时候，放下了自己大学生的身段，完全进入了一名打扫卫生的清洁工的角色里，每天把办公区的走廊和车间都打扫得十分干净。半年以后，老板就安排他当一些高级技工的学徒。由于他工作十分积极，手脚勤快，脑袋聪明，一年以后，他就掌握了要领，当上了一名技工。虽然如此，他并不满足，依旧抱着积极的心态，在工作中积极努力，两年以后，他又当上了老板的助理。

反观王力，这时候刚找到一份工作，在一家工厂里当学徒。然而，这时候他还认为自己学历很高，不应该受苦，应该直接进入白领阶层。最后，在新的工作中，他还是做得乱七八糟，没过多久，再次回到街头，重新开始寻找工作。

一个人如果很平凡没什么，但他流于平庸就有问题了。在田径比赛中，跑在最后的是平凡的，但是没有人觉得他平庸，因为他一直都在奔跑，以不输于第一名的努力和热血冲向了终点。那个连上场都不敢的人，才是真正甘于平庸的人。

在美国，有一个出生在乡下，读书并不多的青年名叫西瓦波。15岁的时候，由于家中贫困，他去了一个山村当马夫，然而野心勃勃的西瓦波并不甘于现状，他一直在寻找发展的机遇。3年以后，西瓦波来到钢铁大王卡内基名下的一个建筑工地打工，刚刚踏入工地，西瓦波就决心成为同事中最优秀的员工，所以，在别人抱怨工作苦，工资低而消极懈怠的时候，西瓦波却在不断积累工作经验，并且自学建筑知识。

有天晚上，同事们都在一起喝酒聊天，只有西瓦波一个人在角落里看书。正好那天公司的经理来工地视察工作，发现了看书的西瓦波，又翻了翻他平时做的笔记，没说什么就离开了。第二天，公司经理叫西瓦波去自己的办公室，问他："你看的那些东西有什么用？"西瓦波回答说："我想公司缺少的并不是打工的人，而是缺少既有工作经验，还具备扎实专业知识储备的技术人员或管理人员，是吗？"经理认同地点点头。没过多久，西瓦波就升职当了技师。同为打工身份的一些人开始讽刺挖苦西瓦波，他回答道："我不只是在给老板打工，也不是纯粹地为了赚钱，我是在给自己的梦想打工，为了自己的未来和前途打工，因此，只有不断提升自己的业绩，让自己工作产生的价值远远多于获得的价值，公司才会重用我，而我也才有可能获得机遇！"抱着这种信念，西瓦波一步步成为了总工程师。25岁的时候，西瓦波就获得了建筑公司总经理的职位。

卡内基的合伙人琼斯是钢铁公司的天才工程师，他在建筑公司最大的布拉德钢铁厂遇到了西瓦波，发现了超于一般人的管理才能和工作热情。当时西瓦波是工厂的总经理，他每天都是第一个到建筑工地，琼斯十分好奇，就问西瓦波为何要来这么早，西瓦波回答道："当发生什么意外的时候，只有这样，才不至于束手无策。"工厂建好以后，在琼斯的推荐下，西瓦波成为了琼斯的副手，主要负责全厂的事务。两年后，在一次意外中，琼斯丧生，西瓦波就接替了琼斯的职务。由于西瓦波工作态度积极，加上他高效的管理手段，布拉德钢铁厂成为卡内基钢铁公司的支柱。正是这个钢铁厂，才让卡内基放出豪言："不管任何时候，只要我想占领市场，市场就会纳入我囊中。因为我可以制造便宜又优质的钢材。"几年之后，在卡内基的任命下，西瓦波成为了钢铁公司的董事长。

后来，西瓦波终于有了自己的事业，那就是美国第三大钢铁厂——伯利恒钢铁公司，创就了非凡的成绩，真正地实现了自己从打工者到创业者的梦想。

西瓦波出身贫穷，而且受到的教育也不多，可谓是十分平凡，但是他并没有因为当时的现状而沉沦于平庸，而是通过自己的努力开创了一片成功的天地。

平凡的人是对生活态度认真的人，他们的生活态度是积极的，把人生当作一场不停奋斗的磨炼，他们受得起挫折，看待一切时都能以一种乐观积极的心态，因此，平凡的事情在他们的手中也能变成一番大事业。

如果把一个人看作是一台发动机，那么知识、智商或者天赋都只是这台发动机的额定功率。而实际上的输出功率能有多少，则要看你的心态，看你的态度是否积极。以积极的心态把自己的全部热情投身到一件事中，那么，你自身的额定功率就会全部转化为有效的输出功率，甚至激发自身无限的潜能，让你的实际输出功率超过额定功率。

第五节　若想抬头，先低头

美国第32任总统罗斯福是这样一个聪明的人，他自知自己很多地方都比不上一个普通人。他有很多缺点，说话的时候会口吃，身体不是很强壮，长得也不算帅，然而，他从不遮遮掩掩这些缺点，反而用自己的坚强意志弥补了这些缺点，最终赢得了竞选，成功当上了总统。很多时候，一个人成功或者失败，聪明或者愚钝，就在于他能不能勇敢地低下头，看见自己的缺点。

勇敢地承认自己不如别人，就是勇敢地低下头来，看到自身的不足之处。这是一种期待成长的决心，每个人自身都有优点和缺点，有高于他人的能力，也有不如他人的地方，看得清这一点，才会超越自我，超越他人。人的潜能和优势各不相同、多种多样，然而，要想完全发挥出来是不可能的，只能于几个领域尽情地挥洒自身的优势与潜能。人的精力是有限的，机遇也是，因此，每个人都无法成为一名全才，过人之处总是少之又少，不如人之处又总是很多很多。

每个人都有缺点，如果太在意这些，不停地去藏着掖着，反而引人瞩目；反而言之，如果低下头审视这些缺点，面对它们似乎就没有那么在乎了。如果你以一种坦然的心态面对自身的缺点，兴许能得到意想不到的效果。

金无足赤，人无完人。没有人在这个世界上是完美无缺的，我们要勇敢地面对自己的缺点，看到他人的长处和优点。若是能低头看到自己不如人的地方，反而更容易获得他人的好感，赢得他人的认同。聪明的人会欣然接受自身的缺点，不刻意掩藏，能勇敢地挑战自我，认识到缺点，才有可能让大家尊敬。

愚人会标榜自己的缺点，庸人会掩盖自己的缺点，只有智者才会主动地展示自己的缺点，并且努力地去改正这些缺点。

事实上，只有坦诚地认可他人是强于自己的，才有可能清醒地看到自己和他人的的差距，避免心灵的苦痛，让自己表现得更出色。要知道的是，没有人可以时时胜过别人，每个人都是有缺点的。勇敢地低下头来承认自己的不足也是另一种自信。我们只有认识到自身的短处，恰到好处地扬长避短才是出路，人生也会因此而完美。看清楚这一点，你才有可能在最后胜过他人。不过，可惜的是，很多人都不想承认自己有缺点，在听到他人对自己进行负面评价时，第一反应就是反驳、解释，摆脱嫌疑，而不是检讨和改进。孔老夫子曾经说过"闻过则喜"，意思是了解了自身的缺点以后就会很高兴，因此能够在改变中获得进步，更上一层楼。

缺点不可怕，可怕的是没有勇气呈现自身的缺点，因为一旦亮出自身的缺点，就是承认了自己不如人的事实。看清自己的不足之处，这是一种期待成长的决心，过度的自尊心和自信心会驱使大多数人无法低下头来承认自己的不足，不愿意面对自身的缺点、弱势。在这种情况下，他们采取的实际行动很大程度上就会和事实要求的不相符合，最终无法得到满意的结果。勇敢地承认自己不如别人，的确需要勇气和真诚的态度。在工作和生活中，如果我们能够认清这一事实，对自己的不足有所了解，看得到别人的优点，同时不停地提升自我，那么，成功就会离我们越来越近了。

在某种层面上，承认自己不如别人，其实是一种能力和魄力的体现，也是智慧的象征，这表明了他是有能力超越别人的。勇敢承认自己不如人，最终才会胜于人。人外有人，天外有天，没有人可以时时刻刻胜过所有人。尺有所短，寸有所长。每个人都有优点、优势，也有弱点和短处，有智慧的人掌握的，应该是如何扬长避短。生活中人人都有不足，勇敢地低下头来承认自己的不足，才有可能抬起头来，超越他人。

刘邦和项羽逐鹿中原，经过几番殊死较量，最终刘邦获胜，项羽落败。后来，刘邦在和大臣们共同总结能够得胜的原因时，刘邦说："夫运筹于帷幄之中，决胜于千里之外，吾不如子房；镇国家，抚百姓，给馈饷，不绝粮道，吾不如萧何；连百万之军，战必胜，攻必取，吾不如韩信。"后面话锋一转，说道："此三者，皆人杰也，吾能用之，此吾所以取天下也。"

事实上，了解自己是多么难的一件事。要想正确地了解自己，第一件要做的事就是勇敢地低下头，承认自己的不足，低下头来，这是一种期待成长的过程和勇气。真正看清自身的长处与短处，最后才可以胜过他人。而勇敢地承认自己的不足，才会更加完整地认识自己，找到自己的位置，也才会有一天，抬起头来，做到比他人强，成就自身。

第六节　放下那些没有价值的面子

寻案问典

> 项羽兵败后逃到乌江边，开始他听从了部下的建议，决定横渡乌江，希冀东山再起，卷土重来，然而此时项羽又犯了老毛病，他想到自己之前的辉煌战绩，又和眼下的兵败之事相比，担心被江东父老耻笑，最后以无颜见江东父老，拔剑自刎。

讲究面子，是每个人的心理需求，面子可以维护人的自尊，也可以引得他人的注意，还能获得一种赞扬与肯定。

人不能没有面子，然而过分地讲究面子容易影响自己的发展。春晚经典小品《有事您说话》的内容就讽刺了这种过分要面子的现象：郭冬临饰演的是某厂的一名普通职工，他想吸引别人的注意，高看自己，然而他采取的方式并不是努力工作，而是帮别人办事儿。大家伙儿认为他是个热心肠的人，只要有事就来找他，为了面子，他办不到也会答应。为了能帮科长买到火车卧铺票，他撒谎说自己认识铁路上的人，又顶着寒风连夜在火车站排队，排不上后又自己搭上自己的钱买票贩子手里的高价票，才算把事情办完。虽然科长拿到票后非常高兴,夸奖他有能耐,可是买票背后的辛苦只有他自己知道。小郭不想承认自己比别人差,想要得到他人的认可,怕得罪上司,也怕和同事有矛盾,结果为了这些没用价值的面子累倒了,让家人跟着担心。

一个人想要成为赢家,就不可以被面子左右,脱离了面子的束缚,才可以充分地发挥出自己的才干。

有这样一个关于放下面子的现实例子,涂料公司副总刘泳开着奥迪轿车去北京市亚运村附近的地下通道为人免费擦鞋。

当时光顾他的人有很多,但是大多数人都不明白他为什么要来给人擦鞋子。其实,刘泳的想法很简单,就是为了改变自己爱面子的习惯。

放下那些没有价值的面子,坚持自我心中所想,才能独辟蹊径,寻找到创业捷径。曾经只身带着280元,后来成为七家修脚店老板的刘尊众就是这样的人。

刘尊众从机械厂下岗以后,一贫如洗,也不知道自己以后能干什么,该如何生活。后来,在政府开办的技术培训班里,刘尊众学会了修脚治病的技术。创业初期,他身上只有280块钱,租一间十几平米的小店,十分艰苦。

刘尊众成功以后,有关部门邀请他为同样下岗的职工传授创业的经验。刘尊众说,刚开始知道他要去给人修脚的时候,他的父亲老泪纵横,妻子也整天嚷着没脸见人,之前厂里的好哥们都认为他没有出息。可是他并不认为自己养自己是没出息的表现,于是他勇敢地放下了无谓的面子,一步一步坚持了下来。

每个人都要脸面,然而一门心思想着脸面的事儿只会让自己疲惫不堪,有苦难言,这就是"死要面子活受罪"的最好表现。在现实生活中这样的人有很多，不知道怎么拒绝别人，抹不开面子，只好"打肿脸充胖子"。原本是自己的能力做不到的，因为担心被人瞧不起，就一心逞强，而这一切正是自身的虚荣心作怪。

在现实生活中，很多人都为了面子这件小事而奔波劳碌一生，最终只留给自己一摊烦恼事。事实上，论个人能力他们并没有输，而他们的行为技巧也没什么错，错就错在太在乎面子了。

其实，只需稍稍换一角度，这些人的事业以及人生都会有大的改变。因为这些没有价值的面子并不能成就我们的人生，只有自己想开，灵活地变换思维，换另外一种生存方式，一切才会豁然开朗。

判断是否得到了他人的欣赏或认可，并不是靠你帮人做了多少其他人做不了的事，而是你是否可以在自己的行业里成就一番事业，是否坚持自我个性，不人云亦云，是否勇敢地承认自己的缺点，而非为了那些没用的面子丢失了自我本色。

其实在生活中，很多事都比面子更重要，如果每个人都能够正视这件事，放下这些没有价值的面子，那么生活就会幸福很多，轻松很多。

第七节　抓得越紧，失去得越多

著名音乐家谭盾刚到美国的时候并不那么一帆风顺，他和一个黑人琴手在商业银行附近卖艺，那个地段很不错，可以赚不少钱，然而谭盾还是放弃了这个赚钱的大好机会，选择了去大学进修。十年以后，谭盾已经是国际知名音乐家了，经常受邀在各大音乐厅表演。当他再次路过那家商业银行的时候，他发现当初那位死死抓住好地盘不肯走的昔日老友仍然在那里卖艺。

人们经常说，一个成功的人，是拿得起，也放得下的人。但事实上，在真正行动的时候，一般都是拿起容易，放下难。放下，是一种心理状态，我们经常说的敢于放弃，实际上是把心头的千斤重担卸掉，让自己感到轻松自在。放下并不意味着失去，相反，抓得越紧，反而会失去得越多。

放下是一门学问，它不是颓废的表现，更不是厌世的行为。人的一生，庸庸碌碌，终日奔波，我们总是感觉被什么东西驱赶着，不得不忙，不敢停下脚步，生怕稍微一懈怠，就被他人赶上，最终背上行囊越来越重，越来越多，明明已经不堪重负，却又不敢舍弃一件，最后，收获得越多，身心反而越疲惫。

现实生活中抓住不放的例子不胜枚举。比如说错话，做错件小事，被同事指责，被上司冤枉，被亲人误解受了委屈，于是心里就有了疙瘩，怎么都打不开……总有一些人把任何事都放在心上，每一件都放不下，每天忧心忡忡，愁肠百结。沉重的心理负担既坏了好的心情，也损害了个人健康，因此很多人都感觉自己活得很累，每日无精打采，甚至早生华发。而这一切的元凶就是把所有事都挂在心头放不下，什么都紧紧抓住，反而失去了快乐、幸福、健康，将自己折腾得疲惫不堪。

金钱、名利和感情往往是让人最放不下的东西，但若是把这些身外之物看淡了，看透了，想开了，自然也就放下了。

一个老师带着学生发现了一个神秘的宝库，宝库里面装满了奇珍异宝，也不知道都是谁的东西，只见每个宝物上都刻着清晰的字迹，分别是：快乐、爱情、骄傲、名利、正直……

每一件宝贝都非常漂亮，非常迷人，学生每一件都很喜欢，拼命往自己口袋里塞。然而，在回家的旅途中，他沮丧地发现，这些宝贝虽美，但是很沉，没走多久，他就已经气喘吁吁，两腿发软了，完全无法继续走下去。

这时候老师说："孩子，后面的路还很长，你如果不丢弃一些宝物，是走不完的！"

学生恋恋不舍地抚摸着口袋里的每一件珍宝，忍痛丢弃了两件。然而，宝贝还是太多了，口袋依然很沉，学生只能再次停下来，再丢掉两件。"痛苦"被丢弃了，"骄傲"也被丢弃了，接下来是"烦恼"……一件件珍宝被丢弃，口袋轻了起来，但是学生还是感到沉重，两腿就像灌了铅一样抬不起来。

"孩子，"老师再次劝道，"你再翻一遍你的口袋，看看自己还可以丢掉什么。"

最终，学生把最沉重的"名"和"利"也抛了出去，现在他的口袋里只剩下了"快乐""谦虚""爱情"和"正直"，这下子，他觉得心里说不上的快乐和轻松。

然而，在离家不到100米时，学生又感到前所未有的疲惫，这一次他真的走不动了。

老师语重心长地说："孩子，你再找找自己可以放下的东西，现在已经离家很近了，等回到家，恢复了体力，你可以再来找它。"

学生想了很久，不舍地拿出自己的"爱情"，看了又看，最终放到了路边。

最后，他终于回到了家。

然而，他并没有多么快乐，他想到自己的那枚"爱情"，那么让人不舍。老师对他说："爱情虽然可以给我们带来快乐和幸福。但也会给我们负担。等到时机成熟，你恢复了体力，依然可以把它取回来。"

第二天，学生恢复了体力，于是他回到抛弃"爱情"的地方找回了自己的"爱情"。当时他真是高兴极了，欢呼雀跃，并感受到了无比的快乐和幸福。这时候，老师走过来，欣慰地摸着他的头，松了一口气："孩子，你终于学会了放弃！"

俗话说：举得起放得下是举重，举得起放不下就成了负重。为了未来的鲜花和掌声，勇敢地学会放弃吧，放弃以后，就会发现，事实上你的人生可以如此愉快而轻松。

现在的放下是为了明天的获得。成大事业者不会受困于一时的得失，因为他们懂得放弃的哲学，知道怎样放弃，放弃什么。

把一生所有都背负在自己身上，那么纵使钢筋铁骨打造的身体，也会被压垮在地。

昨日的成就不能代表今天，也不能成为明天，过去的辉煌就让它照耀过去的时光，只有放下紧握的，才能重新拥有更好的。

当你学会放弃的时候，你就长大了。每个人都要学会这项技能，如放弃失恋日子里的那些痛苦，放弃屈辱带给我们的仇恨，放弃心头重荷，放弃那些无谓的争吵，没完没了的解释，放弃对金钱的贪婪，对权力的追逐，对虚名的争夺……这些细枝末节的，多余的，次要的，都不必抓得太紧，该弃则弃。

那些已经失去了的事物，既然失去了，就让他们失去吧。

放弃，是每个人发展自我的必经之路，是一种人生的艺术。人生道路漫漫，要想轻装上阵，不断有所收获，只能学会适度的放弃。

每个人都有许多"宝贝"，但把什么都塞在口袋里是不可能的，他们在某一时期只会拖累你，这时候就莫要抓得太紧了，抓得太紧很可能失去得越多。拿得起是一种勇气，而放得下是一种肚量，拿起难能可贵，放下超凡脱俗。最让人敬佩的事就是拿起，而最让人欣慰的事就是放下。

第八节　到什么山上唱什么歌

《世说新语》中有那么一个故事：有个的叫许允在吏部做官，很多同乡人都得他提拔。魏明帝知道这个情况后，派遣虎贲卫士去捉拿他。许允的妻子赶忙告诉他说："对明君而言，你可以申明道理辩解，求饶博取同情是没用的。"于是，当许允被带到魏明帝面前接受审讯时，坦率地回答说："陛下，您提倡推举自己了解能委以重任的用人原则，同乡都是我所了解的，请陛下尽管调查他们是不是能委以重任，假若不合格，微臣甘愿受罚。"于是，魏明帝差人去调查许允提拔的那些同乡，结果发现他们倒是都恪尽职守。魏明帝将许允无罪释放了，还赐了他一套新衣裳。

许允推举身边的同乡，此任官制度的依据是封建王朝规定的个人荐举制。尽管这个举动不妥当，但却合乎魏明帝认可的"理"。许允的妻子深知与帝王打交道，以情求饶是无用的，用"理"相争还可一试，于是嘱咐许允以用的是自己了解之人及所用之人合乎情理之"理"，来抵消徇私舞弊之嫌。这个故事可谓是依据对方身份

195

来选择谈话方式的绝好案例了。

"到什么山上唱什么歌；见什么人说什么话。"是我们说话原则的依据。如果说话不分情况，将无法达到预期的目的，有可能还会让对方颜面全无。相反，深切了解了对方的情况，就算是言论大胆了一些，也不会造成对方的伤害，最终实现自己的目的。

在有求于人讲话的时候，除了要以求助者的身份作为依据之外，还要考虑注意到求助者的性格。通常情况下，一个人的谈吐举止、表情等往往都能够体现出各自的性格特点。比如：性格急躁的人往往行事冲动，快人快语，眼神锋利；性格开朗的人往往喜爱交往，热情活泼，说话坦率；性格稳重的的人往往做事说话慢条斯理，细腻专注，气定神闲；性格孤僻的人往往不善交往，不苟言笑，抑郁安静，独来独往；性格自负的人往往口无遮拦，自高自大，自我吹捧；谦虚谨慎的人往往为人谦和，讲礼义，心平气和，懂得尊重他人。针对不同性格的说话者，一定要深思熟虑，按实际情况用不同方法对待。

《三国演义》第六十五回写到，马超投奔汉中张鲁，张鲁受刘璋之托派马超前去营救刘璋，遂率兵攻打葭萌关。

诸葛亮对刘备说："必须是张飞或赵云二位将军出战，才能与马超相抗衡。"

刘备说："子龙在外领兵还没有回来，翼德现在在此，可以马上派他出兵迎战。"

诸葛亮说："主公先不要急，荣我先刺激一下他。"这时，张飞大叫着走了进来，主动请缨与前来攻关的马超对战。

诸葛亮假装没有听见他说话，继续对刘备说："马超文武双全，所向披靡，只有前往荆州把云长调回来，才能与之对抗。"

张飞说："军师怎么可以如此无视我！我曾与曹操的百万大军单独抗衡，难道还会怕区区马超不可！"

诸葛亮说："你之所以能在当阳骁勇善战，那是因为曹操还没摸清楚真假，如果知道了，你还能无事在此吗？马超智勇双全，天下众人皆知，他渭桥六战，把曹操吓得割掉胡须，丢掉外袍逃窜，险些丢了性命，绝不是寻常普通之人，就算是云长回来迎战也未必有胜算。"

张飞说："我现在就去应战，如果战不败马超，甘愿受军法处置！"

诸葛亮见自己的"激将法"有了效果，便说："如今你已立下军令状，那么就作为先锋前去迎战吧！"

在葭萌关下张飞和马超激战一天一夜，大战二百二十多个回合，虽然没能分出胜负，但是挫伤了马超的锐气，最终被诸葛亮施以谋略说服，归顺于刘备。

在《三国演义》中，诸葛亮常常采用"激将法"来针对脾气暴躁的张飞。每当有重大战事，都先说他难以承担此重任，或者是说他会贪恋饮酒耽误大事，以此激他甘心立下军令状，激发他的斗志与勇气，增加他的责任感和紧张感，排除轻视对手的思想。而对待关羽诸葛亮则采取"推崇法"，例如关羽得知马超归于刘备之后，想要与他比试武艺。诸葛亮为了避免他们二人争斗，有所损伤，便写了一封信给关羽：我听闻关将军想要与马超比试高下。但是依我所见，马超即使骁勇善战也只能和翼德并驾齐驱，又怎么能比得上你"美髯公"呢？而且将军你担任重任镇守荆州，假若贸然离开引起损失，岂不犯了大罪啊！关羽看了诸葛亮来信之后，笑着说："还是孔明了解我心所想啊！"他把来信传给宾客们审读，打消了入川比武的想法。

虽然每个被求者的兴趣、爱好、长处、弱点、情绪、思想观点等都各不相同，需要我们观察注意，但身份和性格尤为重要必须优先注意。说话一定要区分对象，对待不同的人要说不同性质的话，这样才能够达到说话的目的。

第九节　美丑自在人心

　　霍金，1942 年出生于英国牛津，他的人生可谓是悲喜交加。21 岁这年他被诊断患上了肌肉萎缩性侧索硬化症，这种病让他除了心脏、肺和大脑还能运转之外，其他部位都逐渐丧失功能，最后心肺功能也将逐渐丧失，大夫们预测他顶多还有两年的寿命。这一致命的打击差点让霍金放弃了所有，但是在生日舞会上霍金第一任妻子简的出现奇迹般地改变了一切。他从此克服身体残疾的各种困难，发奋图强，于 1965 年任剑桥大学冈维尔与凯厄斯学院研究员。在此时期，他创立了宇宙之始是"无限密度的一点"的著名理论，为研究宇宙起源问题上做出了突出贡献。

　　假若你想将自己的魅力传送给别人，你就要学会爱护自己，尊重自己，珍惜自己。只有时刻告诉自己"我是最好的"，你才会觉得自己快乐的。有这么一段话说："我们每个人都携带着一面变形镜，只要一抬跟，便会看见自己个子太小或太大了，身材太胖或太瘦了，包括平常逍遥自在、无疮无疤的你也不例外。一旦你能将这面镜子粉碎，自我的完整、生命的喜悦便都成为可能。"对于自己的身材、容貌你觉得怎样呢？想想家中的镜子、路边的橱窗当你无意瞥到自己时，是什么样的感觉？发现什么自己的"缺点"了吗？是被镜中自己的身影吸引止步欣赏，微笑地说："哎呦！还不赖嘛！"还是会马上关注到某些不完美的的地方？其实静下心来想一想，就不难悟出，一个人的价值并不体现在他的外表能够吸引多少人。但是，虽然成大事者尽可能地把自己的人生价值与外表分隔开来，可还是会情不自禁地将自己与他人进行比较。

大多时候我们还是用初中时代学来的那一套"这人长的漂亮，人缘也好，那人傻了吧唧，看着就烦"作为评价美丑的标准。你也许还记得被别人嘲笑牙齿矫正器、老土衣服、满脸疙瘩、肥胖身材或行动愚笨时的滋味。随着时间的匆匆流逝，过去那种不够雅观的仪态已经被我们逐渐摆脱，但是青少年时代曾被叫过的"四眼田鸡""牙套妹""小肥猪"等绰号，却被深深烙印在了心头，挥之不去。

一年又一年，随着年龄的增长，我们又陷入了衰老所带来的困境。男人们开始惧怕日渐脱落的发丝、圆滚滚的啤酒肚。女人们开始惧怕加深的皱纹、增大的毛孔、增多的白发。随着时光不断改变的容貌没有人去尊重，人们都生活在了非现实的"非此即彼"价值标准中。我们只要看起来不再年轻，就是变得"老"了；我们只要不是瘦骨嶙峋，就是变得胖了；我们只要不是一副运动健将般的壮实体魄，就是变得"太没样子"了；我们只要不是穿着独特新潮，发型时髦霸气，就是落伍与时代脱轨了。人们往往又会把过去的负伤经验与这些问题相结合。假如你的父母曾经贬低取笑过你走路姿态、说话、穿着等"不够淑女",那么你将会在穿着随意时觉得不安,提心吊胆;假如一个男孩从小被嘲笑有点"娘娘腔",那么他将会对外形花俏和色彩鲜艳一些的服装敬而远之;假如你曾经被发型师或者是服装店员取笑过,那么每当要理发和购买衣物时,心底都会油然而生出怯意。

其实,长相标致的人有时也会对自己的外貌缺少自信心,一位心理学家曾经看过一位知名度很高的男模特儿病人。这么一个成功人士却对别人看待他的目光万分恐惧。值得关注的是,在和女友约会时,他经常觉得自己很无聊不懂情趣,很紧张,而这一切的源头就是因为他脸上一个难以察觉的小疤痕。即使外界对他有那么多赞赏的眼光,他却依旧惶恐不安,认为别人肯定会因为疤痕而给他差评。和很多将自己的价值建立在表面上的人相同,这位模特儿的这种心理被定名为"漂亮家伙的病"。这种恐惧症的表现就是害怕表面上的一丁点儿缺憾被人察觉,遭人评头论足、在照镜子时也情不自禁地盯着微小的缺点去看,并且不管如何努力都无法摆脱恐惧,唯恐会遭到恶评。如果我们始终以别人的眼光为主,不能接纳自身缺点,那么不管我们与标准下的美丽有多么相近,也无法得到满足。事实上,你身上散发出来的气场气息等,它的重要性远远高于外貌特征。如果连自己都鄙视自己,那么无形中也就告诉了他人:"别老关注我"或者"不化妆我都无法见人"。这种贬低自己的态度会让别人也低估了你的魅力。

人们往往会把关注的焦点情不自禁的集中到自己唯恐暴露在外的"缺陷"上。一个谢顶的男人常常会想方设法将唯一一缕长一点的头发尽力摊开掩饰住已秃掉的头皮,这样的行为明显表现出来了他对自己谢顶的心虚,结果却是引来更多的目光。当一个身形丰腴的女人身着黑色紧身衣,嘴中不停地埋怨餐桌上的食物有多难吃，你想，别人对她除了有"太胖"的印象外，还会有什么别的呢？如果连我们自己都因为不易察觉的缺点而自暴自弃，那么即使别人想要帮我们摆脱障碍，让我们注意到自身最具吸引力的优点，恐怕也是不可能的。

　　实际上，我们可以用这种回馈来增强自我欣赏和肯定。生活中凡是你留意到了的地方都会随之增强。假若你将自己表现为一个充满活力和吸引力的人，那么别人也会这样看待你。你的自信与自我肯定时刻反映在你的仪态、眼神、着装、表情和为人处事的态度上，别人也会因此自然而然地对你产生肯定和好感。不管你到底有没有资格当世界小姐或健美先生，你却可以永远持有一颗"我是最好的"心态，正如罗斯福夫人所说，"没有你的同意，谁也不能让你觉得自己差人一等。"所以我们何必表现出惭愧、尴尬或者压抑的样子。只要你能培养出一种珍惜自我、自重自爱的态度，你就可以把你的魅力渲染给他人。成大事的人都或多或少见过一些身形极端，很高或极矮，很胖或极瘦的人，我们可以注意到他们这些人中有些态度是那么怡然自得，乐观自信，根本不会将自己与社会上的标准做对比。有些秃顶的人丝毫不会因为头顶的光亮和别人讥笑的眼光而损伤自信心。有些人还会将别人嘲笑的缺陷变为自己最佳的本钱，而不是令自己难以启齿的罪魁祸首。也许美丑的评判在于欣赏者的两眼，但是自己才是定夺评判结果的关键人物。

第十节　别让经验湮灭了创造的火花

　　爱迪生是美国大发明家，有一次他拿了一个梨形玻璃容器让助手去测量它的容积。他的助手根据常用的方法，反复的测量了容器的长、宽、高等，并画了很多图在图纸上，但却因为梨形玻璃容器的形状特殊，不管怎么测量计算，都没有办法把容积准确地计算出来。助手很是沮丧地去向爱迪生请教。爱迪生让他把容器中先装满水，再把水都倒入量杯，这样容器的容积就能准确地算出来了。实际上也就是说水的体积就是容器的容积。于是助手按照爱迪生所说的去做了，很快梨形玻璃容器的容积就被算了出来。

　　这个故事告诉了我们一个浅显的道理：有两种不同的思维方式"定式思维"和"非式思维"，定式思维就是爱迪生助手一开始所用的固定思维方式，而心理学上的非式思维则是爱迪生所用的思维方式。

　　"要想在事业上有所成就，将以有无创造性思维的力量来论成败。"这是美国著名心理学家丹尼尔·高曼所说。我们只有打破原有的固定思维，才不会被经验的枷锁套牢。对于每一个人而言经验都是一份宝贵的财富，是通往成功的重要因素之一。在招聘新人，很多用人单位在挑选人才的时候都会先问道："你有没有类似工作经验。"这一方面说明了拥有经验是多么重要。但是，有时经验也有可能会变为累赘与障碍。经验代表的只是你的过去，它是否适用于现在与未来却是未知的。因为过分信赖过去的经验，会让我们丧失对新鲜事物的发现与创造力。世界是千变万化的，如果我们墨守陈规只注重经验，只会被引往失败的道路上。

　　一艘海轮航海时触碰到礁石，不幸沉入了浩瀚的大海。庆幸的是有 9 名船员在危险的境地中成功逃脱了出来，他们拼命游上一座孤岛，但是，孤岛四周全是石头与沙土，完全没有能够食用的东西。更绝望的是，在烈日骄阳下，没有遮挡的地方，缺水严重，水成为了他们此刻最需要的东西。虽然每个人都非常口渴，而孤岛周围都是水，但那都是海水，海水不仅苦涩而且很咸，喝后不但不解渴还会使人更渴。所以，9 名船员把所有的希望都寄托在了上帝身上，希望能够下一场大雨或者有过往的船只可以发现他们。但是，看这晴天烈日的大好天气，完全不是下雨的迹象，而且一望无际的海面上根本看不到船只的身影。没多久，其中 8 名船员身体不支，陆续在暴晒下渴死了。当最后一名船员也要支撑不住被渴死时，他突然"噗通"一声跳到了海里，"咕嘟咕嘟"喝起了海水。喝完后，他却发现这儿的海水没有丝毫又苦又咸的味道，相反非常的甘甜解渴。此时这名船员还以为：这或许是临死前的幻觉，于是平静地躺在岛上等待着死亡。时间过了很久，这名船员慢慢苏醒过来，他惊喜地发现自己竟然还活着。于是，在之后的日子里他每天都喝着这海水，等待着有人发现并营救他。后来，他真的等来了经过这个孤岛的船只，幸运地获救了。回去后，有人将孤岛周围的海水拿去检验，结果发现，因为有地下泉水在不断翻涌，所以这儿的"海水"其实是可以饮用的泉水。常识让船员们都以为海水是又苦又咸的，不能饮用的，正因为这个固守的知识，其中8名船员活活渴死了。但是最后一名船员逼不得已地抛开了长此以往的经验之谈，大胆地进行了尝试，最终使自己得以获救。由此可见，固守所谓的经验通常会使人走向失败。

生活中类似的例子不胜其数。有很多人此刻正在被他们引以为豪的经验摧毁。同时，也有很多人正在尝试摆脱经验的束缚，寻找新的捷径，创造辉煌的人生。如今社会日新月异，新知识、新科技与新问题等都层出不穷，为了推动事物和社会向前发展，这就需要人们去推陈出新，不断开拓新的视野。如果人们都用过去积累的经验去思考解决现有的问题，而做不到在以往经验情况的基础下加以改善创新，那么新的困难与问题将永远得不到解决与突破。所以，我们只有学会不断创新，才能使经验有所突破变为新的经验。对年轻人而言，我们的现有素养与发展潜质等重要方面如何，也在创新素养上得以体现。因此，我们需要抛弃以往的经验，把创新当成一种习惯。

如今社会，创造活动已不单单是科学家与发明家的事了，它深入到了人们生活的方方面面，变为任何人均可进行的社会实践活动，无论是在生活还是工作等各方面时刻都会迸射出创造的火花。墨守陈规的人只会像井底之蛙一样永远无法脱离枯井知道外面的天空有多大，想要有所作为就要不断开拓创新。可以说，创造之时天天可，创造之地处处行，创造之人人人为，让我们不断向着开拓创新之路奋进吧。

第六章
人生如茶静心以对

第一节　你想快乐便会快乐

　　微软的创始人比尔·盖茨曾经说过："每天早晨醒来，一想到所从事的工作和所开发的技术将会给人类生活带来巨大影响和变化，我就会无比兴奋和激动。"没有了激情，生活将平淡无奇，更难在工作上有所成就，在比尔·盖茨看来，一个事业有成的人，最重要的因素不是能力与责任等（虽然它们也必不可缺），而是对本职工作的激情。以此理念作为企业文化的核心，奠定了微软在全球IT界独傲群雄的牢固根基。

　　"工作太无聊啦！烦死啦！"

　　"每天都反反复复的上班，简直无聊疯了！"

　　"工作只要能做完交差，管那么多干嘛！"

　　"一提到工作就头疼！"

　　三五好友一起聚会时，难免有人这么发着牢骚。勉强去做不喜欢的事的确是件"痛苦"的事。

在初入职场时，人们都是干劲十足，激情澎湃，对自己未来的发展期望很高；但只须半年左右，就觉得自己像机器人似的每天重复执行着同一套程序，枯燥乏味，刚刚上班就开始盼着下班，完全没有了起初的激情。伴随着时间流逝，工作的倦怠情绪也在悄无声息地生长蔓延。有5~10年工作经历的的职场人士指出，最容易受到老板冷眼的是"职场怨夫（妇）"，有10年以上工作经历的"资深"人士则表示，最容易被老板所诟病的是"缺乏时间观念"。其中工作了10年以上的工作者中绝大多数表示工作时没有了激情，提不起精神。

每一次工作不顺心时，就会怂恿自己跳槽到新的工作环境，但是每次尝试了新环境后，还是会出现情绪低落。起初的澎湃激情到底去哪儿了呢？想寻回那个当初的自己吗？你要做的，就是重拾回自己那热血沸腾的工作激情！请放弃抱怨，以乐观积极的心态去对待现有的工作，只有这样我们才能在态度的转变中寻找到快乐。在我们热爱上自己工作的那一刹那就会发现，快乐工作原来就在我们身边。

对职场工作者而言，就要热爱自己的职业，干一行爱一行，只有这样，才能一直在职场快乐地工作。法国哲学家伏尔泰曾经说过"工作着是美好的，它可以使人避免陷于三大罪恶——无聊、恶习与困窘。"如果我们只是一味敷衍工作，没有丝毫激情，结果只能是浑浑噩噩度日。

有位哲学家分别问正在建筑工地上砌筑的三名工人说："你在做什么？"

第一名工人埋头工作，不愿搭理地说了句："我在砌砖。"

第二名工人抬头看了看哲学家说："我在砌一堵墙。"

第三名工人激情洋溢、充满憧憬地说道："我在建一座教堂！"

哲学家听完他们的回答，马上猜测出了他们的未来：第一名工人心中眼中都只有砖，所以他这一生能够把砖砌好，就已经不错了；第二名工人心中眼中都有墙，如果好好干也许以后还能当个工长或者技术员；而第三名工人以后定有大出息，因为他高瞻远瞩，心中承载的是一座殿堂。世上最贫穷的人并不是身无分文的人，而是没有远见的人。没有远见心中眼中只能看到摆在眼前摸得到的东西；相反，有远见才能心中眼中充满整个世界，看到旁人看不到的事物，做到旁人做不到的事情。

不出所料几年过后，第一个工人仍在不同的工地砌墙；第二个工人成了工程师，在办公室里画着图纸；而第三个工人则成了前两个工人的老板——高级管理者。

现实生活中，有时在工作的选择上虽然由不得自己，但是改变心态迎接挑战却是我们可以做到的。人们对生活和工作的态度，往往可以反映出决定一个人人生道路的人生观与世界观，你是为了应付工作而为自己工作，还是为了崇高理想而工作呢？

不管什么企业都偏爱对工作充满乐观心态，饱含激情，认真的员工，因为具有激情的员工能够渲染身边的人，感染别人的情绪，这是企业进步的根本，他们是让企业朝更好方向发展的引领者，是企业最为欣赏的员工！

怎样可以成为快乐的人？如何可以让工作充满乐趣？这大概是所有职场工作者共有的疑问。其实不管是高级白领还是自由职业者，要想在工作中获取快乐，就要真正明白工作的意义。工作不仅仅是一个普通平台，更是一个精彩的舞台，每个人都要登台演出，扮演不同的角色，展现出自己独特的才能，实现自己人生的最高价值。

工作没有好坏之分，使我们厌恶本职工作的是不平衡的心理态度。所以，心态是能够快乐工作的关键。一位职场成功人士在初入职场时，他的父亲这样叮嘱他："如果遇到一个好老板，就要认真忠诚地为他工作；假若第一次工作就有不错的酬劳，那是你的幸运，要更加辛勤并快乐地努力工作；如果酬劳不理想，就要学会在工作中锻炼自己，增强技艺。"这位成功人士的父亲是明智的，工作其实就是用生命去做快乐的事。他用自己的经验告诉儿子，钱不是工作的目的，在工作中锻炼完善自我，热爱每一份工作，这才是最重要的，也是我们所要追求的。希望所有人都能够将这位父亲的话牢牢记在心里，始终秉持这个原则做事。即便是起初位居他人之下，也不要斤斤计较，人生就是要通过工作才能寻找到真正的意义。

　　在工作中不管做任何事，都应保持乐观积极的心态。正如高尔基所说："工作快乐，人生便是天堂；工作痛苦，人生便是地狱。"因此，只有在工作中投入快乐的态度，才能把每一项工作做好。快乐工作离我们并不遥远，它触手可及，完全取决于我们自己的心态。如果你的手上有无穷无尽的工作，你可以把他们想象成是你最爱做的事，这样不仅减轻了你的工作压力，使情绪高涨，而且大大地提高了工作效率。所以，请谨记无论在何时何地，都应时刻保持轻松自在的笑容，为自己以及他人带来快乐的工作氛围。

第二节　羡慕别人不如做好自己

　　王章程，美国华裔数学家，于美国加州大学毕业。毕业之后，他选择了在加州私人研究室，而他的同学大部分都进了政府机构或大公司。王章程在此一干就是十年，十年里，他的生活很清贫，到了三十岁时还没有自己的房子。与此同时，他的同学们与他对比鲜明，很多已成为平均月收入几十万或者上百万的富人。他们开豪车，住豪宅，有着美丽的妻子。而此刻的王章程却连女朋友都还没有。

　　在别人眼中，他的生活差了别人好几个级别，而王章程自己却不这么认为，他明白自己的内心，清楚地知道别人的生活并不是他想拥有的，于是仍旧坚持于自己的研究。

　　这十年，王章程辛勤的默默工作，一直沉于自己喜爱的研究。直到 35 岁时，王章程的人生步入了黄金阶段，他攻克了两项世界顶尖级数学难题，美国数十家大学争先恐后地聘请他去任教。从此以后，他被称为世界数学界的数学之王。

人生旅程，不论是险峻崎岖，还是平坦顺畅，都需要人们一步一个脚印地去慢慢走完全程，这条道路上没有可以停歇的虚线与空白的时间，没有可以跨越的捷径。人们总会情不自禁地羡慕他人所拥有的一切，羡慕别人的工作，羡慕别人的家庭，羡慕别人的幸福等等，却偏偏忘记了一点，我们在羡慕别人的同时，也在被别人所羡慕着。

不去羡慕别人，看似多么简单容易的一件事，但做起来却是无比艰难的。如今社会，生活中有太多的诱惑和太多的羡慕让我们迷失其中，打扰了我们原本的生活。其实不仅仅是我们的心态影响到了自己的选择，外界的很多因素都对我们有所影响，例如别人的生活方式与方法。人们都是只单纯看到了别人光鲜亮丽的一面，却不知道别人背后付出了多少努力，只会一边的盲目羡慕，一边抱怨上帝对自己的不公平。天上是不会凭空掉下来馅饼的，不管是你的头上还是别人的头上，也许付出与收获不一定会成正比，但是不付出就一定不会有收获。如果连如此简单的道理都不懂，那么，你只能被生活剥夺掉成功的资本，看着别人风光无限。

有那么一则寓言故事：猪说如果我可以选择自己的生活，我想做一头牛，虽然劳作辛苦，但名声好，人人爱怜；牛说如果我可以选择自己的生活，我想做一头猪，可以悠哉赛神仙，吃了睡，睡了吃，什么也不做，不用那么辛苦；鹰说如果我可以选择自己的生活，我想做一只鸡，有暖房，有食粮，受到人的悉心呵护；鸡说如果我可以选择自己的生活，我想做一只鹰，自由自在地翱翔于蓝天，飞越万水千山。这则寓言展现了一种有趣的现象——"风景在别处"。

每种动物都羡慕着其他动物所拥有的一切，就像人类社会中，我们每个人都在羡慕别人的工作、家庭、房车等所有的幸福一样，我们忽视了这些东西是否真的是自己所需要的，忽视了我们也是别人正在羡慕的对象。

在笼子与野地里各有一只老虎，笼中的老虎不用忧虑餐食，野地里的老虎逍遥自在。它们常常亲切地进行交谈。笼中的老虎越来越羡慕野地里老虎的自由自在，野地里的老虎也愈加羡慕笼中老虎的三餐无忧。某天，一只老虎说："我们交换一下吧！"另一只老虎欣然同意了。于是，笼中的老虎奔向了美慕的大自然，高兴地拼命奔跑；野地里的老虎也钻进了羡慕的铁笼，十分快乐地趴在里面，想着再也不用为食物发愁了。但没过多久，两只老虎分别因为饥饿和忧郁死了。在笼中生活了那么久的老虎，突然重获自由，完全没有捕获食物的能力，饥饿难耐而死；自由自在惯了的老虎钻进狭小的铁笼，安逸的生活让它失去了原有的心境。

一味羡慕别人的人生，只会给自己带来错乱与迷茫，甚至让自己失去本有的安宁。羡慕是需要付出代价的，结果往往会失去自己。不去羡慕别人，我们的生活才会悠然平静，怡然自乐；不去羡慕别人，我们的事业才能达到顶峰，目标才能得以实现，日子才能越来越好。

非洲的哈利默父子，生活很是贫穷，父亲哈利默一直担当儿子的长跑教练，在为期8年的时间里始终一心一意地培养儿子练习长跑。8年里，哈利默父子从来不去管别人是如何生活，从来不去羡慕别人过的都富裕。对于生活上自己和他人的差距，他们完全视而不见，只是单纯的持之以恒的练习长跑。正因为这样，父子二人的日子每天都很快乐。不拿自己和别人做对比，生活自然而然就会快乐。8年之后，小哈利默的长跑速度有了惊人的进展，一路所向披靡，不仅在非洲长跑上夺得冠军，还在后来的世界田径锦标赛上夺得桂冠。

哈利默父子把获取的成功统统归功于淡漠看待外界的一切。在发表获奖感言时，小哈利默说，这么多年，我和父亲从来不去羡慕别人的生活多么富裕幸福，坚定地做着自己。我想正是因此，我们才能把自己想做的事做好，才不会因为羡慕别人的生活而迷失了自我，坠入不幸烦恼的深渊。

人世间，我们不可能拥有一切，也不可能一切都适合我们去拥有，因此，我们应该学会珍惜属于自己的人生，好好经营自己，不去盲目羡慕他人，这样才能获得一个最圆满幸福的人生。正像俗语所讲"人比人，气死人"，人与人之间是没有可比性的。出身的不同、经历的不同、教育背景的不同、性格的不同，一切的一切都注定了人生的不同，即使相差分毫也会差之千里。所以，没有必要去羡慕旁人，守护住自己所拥有的一切，明白自己想要的到底是什么，我们才能够真正的快乐！总是和别人相比较是没有任何意义的，只有自己和自己比，一天比一天强，不断地证明自己在进步，人生才有价值。只要你的今天比昨天更好，只要你今天离目标又近了一步，这就证明你是成功的，迟早有一天你会成为别人所羡慕的对象。

第三节 沟通是解决问题的开始

　　春秋时期，为了游说各国诸侯，孔子和众弟子一直生活窘迫，在孔子的众多弟子中，颜回因为擅长烹调而负责掌勺烧菜。有一次，他正准备开锅盛菜的时候，突然山洞刮起一阵风，恰巧把洞壁上的一块尘灰刮了下来，掉在肉上，颜回急忙取出沾了尘灰的肉块，不想浪费食物，便将肉块吃了。子贡路过，看到这幅画面，误以为颜回做饭偷吃，便来到孔子面前，问道："君子能在穷困之时改变气节吗？"孔子说："因穷困而改变气节能称为君子吗？"子贡说："颜回向来以仁廉著称，不应该瞒着您，因为饥饿先行偷吃东西。"便把自己刚刚看到的告诉了孔子。孔子没有听信子贡的一面之词，便把颜回叫来，试探道："我昨晚做梦，梦见先人，向来是帮助我脱险的，你快把饭菜端来，我想先祭祀了先人，再吃饭。"颜回认为饭菜已经被自己为了去除尘灰先吃过了，不能用来祭祀先人，便把吹灰吃肉的事一五一十地告诉了孔子，并称第二日再做一次饭菜另行祭祀先人。子贡在一旁听见了颜回叙述的真相，羞愧地红了脸。

为了了解真相，孔子并没有偏听一名弟子的"眼见为实"，而是叫来另一名当事人进行沟通，不仅解决了问题，还打开了子贡的心结，令子贡并没有因此误会了颜回。

很明显，故事中的孔子起先误会了做饭的弟子，但内心还是选择坚信自己的弟子不可能会那么做。为了了解真相，孔子便选择了和弟子进行交流，最终弟子的话，让孔子豁然开朗，心结也因此解开了。

可怕的并不是误会别人与被别人误会，而是误会无法消除！如果孔子和弟子没有进行沟通交流，这个误会很有可能会一直存在，弟子的人生轨迹也有可能会因为这场误会而改变，由此可见，沟通对于问题的处理是多么重要。

通过这则故事，我们明白了消除隔阂与误会的最佳形式就是进行沟通。如果说人们的交往像一条顺畅的河流，那么误会就是河流中的"暗礁"阻碍了水流的前行。所以，要想让河流畅通地流淌，就要进行沟通，消除"暗礁"。

人际交往中，问题的出现在所难免，如果对朋友和同事产生了误会，我们该采取什么样的方法解决呢？误会的产生是职场关系恶化最常见的因素之一，一个人的工作作风和管理方式等都极易影响同事关系从而造成误会，当误会产生的时候，我们该选择沉默不语还是据理力争呢？其实当问题出现时，只有及时沟通才是解决误会的途径。

如今社会已跨入了信息化社会，人与人的沟通也变得尤为重要。沟通障碍如果不及时消除，肯定会带来更多的麻烦，平添许多不必要的问题。所以，学会沟通是步入职场必须要具备的技能之一，当人与人的交往过程中出现问题时，我们首先要考虑是不是沟通不当造成的，而不是将困惑藏在心里，胡乱猜疑。如果不进行沟通或是沟通不当，只会产生更大的误会使矛盾激化。

有个人，他是某单位销售部的员工，其性格随和，不爱争斗，起初和同事们相处的都很融洽，可是有一段时间不知道怎么了，部门同事因为他曾办过的一件事产生了误会，以至于后来总是处处有意刁难他，和他过不去，在与别人的谈话中也对他指桑骂槐，合作时也总是刻意让他多干一些活，甚至还抢了他联络的不少客户。刚开始，他觉得大家都是同事，没必要计较，所以一忍再忍，但时间久了，看同事还是如此嚣张，便赌气状告到了经理那儿，于是经理对同事进行了谴责批评，结果就是，大家从此成了冤家。

俗语讲："水有源，树有根"。同事之间之所以针锋相对，就是因为产生了误会。而没有找到合理有效的解决方法，没有进行沟通，更加激化了矛盾。事实上，在职场中人们有时不得不去承受一些误解，其实仔细想一下，这些误解未必真的会让我们失去什么，权衡思量下要看解释与不解释哪种情况会给我们带来最大的伤害，这样便会知道有没有必要在这上面花费时间与精力。例如上面这位员工与同事的误会，如果一开始就私下进行有效的沟通交流，兴许矛盾就化解了，毕竟从一开始就是因为一个误会。但是谁都没有选择沟通这一途径。

主动沟通不但不会降低你的身份，反而会提升你的形象。社会是一个纷繁复杂的大舞台，学会沟通，是为了让工作中的阻力减少。

现代职场生涯中，缺乏沟通的现象比比皆是，有些人宁可被误会着也不愿意去沟通。同事之间出现问题，相互推卸责任，不愿沟通；上下级之间领导永远绝对自己是对的，下级不敢得罪领导，缺少沟通。尤其是在等级分化明显的企业中，下属极不情愿与上级进行沟通。对一个集体而言，沟通的成效影响着整个集体，沟通不当，不仅会产生误会，还有可能会使工作效率低下，造成工作失败。

"假如人际沟通能力也是同糖或咖啡一样的商品的话，我愿意付出比太阳底下任何东西都珍贵的价格购买这种能为。"石油大王洛克菲勒曾经说过的这句话足以证明沟通的重要性。

因为误会、妒忌或者自高自大，有些人会对你产生莫名的敌意，于是在工作时与你针锋相对，在背后还会散播你的谣言。当你知道这些时，也许谣言已经人尽皆知了。若此时你找他当面对质，索要说法，着实不是明智之举。一方面对方会矢口否认，另一方面双方闹僵了会影响今后工作的发展。最有效的方法就是及时和上司或同事沟通交流，挑一个恰当的时间与场合，把自己的情况与想法说明，使谣言不攻自破。所以，当被误会时，一定要进行及时的沟通，消除误会。如若不善于沟通我们将会丧失很多机遇，同时也会无法与别人正常协作。公司就像是一条船，我们都是船员，只有团结一心，共同协作，这条船才可以平稳安全地前行，驶向美好的明天。当和亲朋好友产生误会时，先不要急着埋怨，而是要通过自我反思，想清楚在消除误会时自己有没有先消除怨恨的心理？有没有及时进行了沟通与交流？其实，不管是与谁发生了误会，都应积极主动向对方道歉，抛开成见，宽容大度一些。这样双方才能消除误会，感情才会因为原谅而不受伤害，自己也才会成为一个受欢迎的人，获得良好的人际关系。

在生活、学习与工作中，不管我们与别人是什么关系，误会的产生总是在所难免，如果在误会产生时，双方不及时进行必要的沟通交流，只顾着生气与仇恨，那么就算是再坚不可摧的感情也会出现裂痕。当人们反思自我，总结消除与他人误解的方法与经验时，不难发现，误会的化解其实很简单，就是多进行彼此之间的沟通。沟通让人们在误会的产生到化解过程中，积累总结更多的经验，增强了人们的沟通交往能力。要知道，擅长人际沟通、珍视人际沟通的人才是现实生活中的成功者。

第四节　花要半开，人要半醉

　　春秋时期，越国大夫范蠡在越王勾践被吴国打败时，劝说勾践忍辱偷生，伺机寻找报仇机会，勾践听从了他的话，最终大败吴国。复国之后，勾践声称这一切都是范蠡的功劳，荣华富贵都愿与他分享，然而范蠡早已看穿勾践是一个只能共患难而不能容忍别人和他一起坐拥江山之人，便留给好友文种"飞鸟尽，良弓藏"的劝诫，拒绝官职，隐居江湖，最终因经商有道，富可敌国，逍遥一生。范蠡在事业高峰期选择放弃的行为在文种眼里是糊涂愚蠢的，他并没有听从范蠡的劝告，而是选择继续辅佐勾践，享用荣华，最终被妒贤嫉能的勾践迫害。

　　在这件事上，范蠡的行为看似糊涂，却更加通透精明，正是他难得糊涂的行为，才保全了自己的性命。

　　在一个集体中，总有一些喜欢说三道四，议论是非的人。刚进入集体中的新人，既不了解事情的前因后果，也没有判断是非对错的能力，所以最好是沉默不语，不参加议论，也不散播传言，卷入是非。

相信很多职场朋友都已深深体会到了职场人际关系的复杂。而职场复杂的人际关系中属办公室人际是非最为典型。但是，职场生活中，就算你不去招惹是非，是非也有可能找上你。人们都听过前辈传授经验，如"是非只因多开口，烦恼皆因强出头"，"来说是非者，便是是非人"，等人生警句，于是便遵守着"静坐长思己过，闲谈莫论人非"的原则，无论别人说了什么，做了什么，都时刻保持沉默的态度，自己只是在心中默默地想。但是身处职场，又有多少人能逃离职场的是非漩涡中呢？关键是想要在是非中一尘不染，就需要在是非中独善其身。

古往今来职场是非中不乏一些功高盖主，锋芒毕露，做不到难得糊涂而最终惹来杀身之祸的人。一个才华横溢的人，一定要做到不露圭角，在展现自己才华的同时，也要做到有效地保护自己。所以说"花要半开，人要半醉"，做到难得糊涂，才能保全自我。

有一个刚刚毕业的女大学生，成功进入一家大型外资企业工作。初入职场的她觉得同事们对她特别友好关照，一起聚会吃饭、一起逛街购物，有些甚至已成为无话不谈的密友。但是没过多久，公司根据战略进行了业务调整，因为不再需要那么多人，有些人可能会被辞退。大家对此事议论纷纷，以讹传讹，还有人向领导打小报告说几人走得近的同事想要一起跳槽。领导因此也暗自观察了一段时间，发现有些同事经常聚集在一起讨论着什么，当走近时，又慌忙散开各自工作起来。刚进入职场的女大学生也参与其中，她并不知道因为自己的好奇与八卦心理已卷入了是非漩涡中。正因为如此，公司裁员的时候，刚刚就职不到一个月的她就被辞退了。

有人的地方就有矛盾，尤其是在职场中，职场对人而言就是个是非之地。而对于有职权的人来说，更容易陷入是非的漩涡。矛盾绝对和是非有关，只是公司不同是非的表现也会不同，而且因人而异，每个人处理是非的价值取向也不同。所以初入职场的新人，最好远离是非，不要使自己坠入是非的旋涡。如果不慎卷入，不管是上司还是同事，都会对你心存戒备。所以，面对职场是非时，一定要学会保持自我，对是非之争保持警觉，注意远离是非，这才是职场获胜之道。

　　"来说是非者，便是是非人"，常常谈论是非的人，自身就是是非者，而对待这种人，最有效的方法就是独善其身。独善其身有时候能够带领你离开是非之地，有时候能够帮助你绕过烦恼，它蕴涵了颇多的做人哲理。不管是职场是非，还是人生的是是非非，只要我们懂得放开，保持自己本真的人生心态，就可以愉快地度过人生，潇洒地做自己。

　　有一家房产公司的高级销售，因为一次偶然与同事产生了矛盾，没想到因此招惹了是非，这件事令他很是苦恼。产生过矛盾的同事纷纷集结在一起攻击他，并时常向上级领导打他的小报告。在为此苦恼的时候，公司主管的做派令他非常佩服，主管是公司公认的中间派，工作努力又懂得尊重别人，还非常热心地帮助在工作上遇到困难的同事。公司里的小团体特别多，性格爱好相同的人常常组织在一起，通常有统一的行动和目标，当然一个个小团体之间也有着这样那样的小摩擦小冲突。而主管坚决不参与任何小团体的活动，好像始终游离在众人的视线之外，但其实早就成为众人心中最认同的那个人。因为公司内部一直有一个高位空缺，很多人都去竞争，但公司管理层为了公平进行了民意测试，结果主管成为了最没有异议的人选，成功晋升管理层。受公司主管的影响，这名高级销售果断辞职进入了一家新公司，不再参加公司的任何是非活动。为了使自己有更好的发展，他开始对自己施行更高的要求，就是做个清正廉洁的人：严谨、公正、专业、不徇私舞弊做违背自己原则的事。结果在新公司的两年间，也极少与同事发生摩擦、矛盾，深受上级的信赖与器重，他的事业节节攀高。

任何一家公司都有一些喜欢叽叽喳喳，说三道四的人，他们喜欢评论别人的事，再添油加醋加以宣扬。对于问题的是是非非，我们尽量不要卷入其中，不如一笑处之，做到"独善其身"。独善其身并不是自命清高，而是对事情拥有正确的分析，保持自己的独立个性，做到明哲保身，不被是非卷入其中。进入是非的人只会给人拉帮结派、长舌妇的坏印象，因此得罪了许多人自己还浑然不知，这实乃职场大忌。假若你无法拒绝听取是非，那么至少不要去去散播听到的是非。既然职场是非无可避免，那就需要我们在职场是非中时时保持清醒。而清醒的最好药方就是"独善其身"。它是历经沧桑洗礼后的成熟和稳重，是恍然大悟后的平静心态，是人彰显大智慧的崇高境界。

"独善其身"实际上就是以守为攻的策略，当"独善其身"的人遇到困境时，看似力不能及，无计可施，其实内心早已在积极地想办法破解危机，一旦想到解决的办法便立刻出击，一举成功。

职场生涯中布满了太多的是非漩涡，要求我们一方面要时刻警惕，保持清醒的头脑，一方面要做到独善其身，在某些场合，你不一定要表现出聪明才智，但一定要时刻保持清醒，当然，遇到大事时是必须要聪明些的，而遇到小事则可以糊涂些。当面对议论是非的同事时，我们最好是沉默不语，对他们的观点不进行任何评判，不支持也不反对，任凭他们说得多么有声有色，不着边际，只要我们自己紧咬牙关不表态，他们就会渐渐地失去兴趣，再也不在你的面前说长道短。当然，除了沉默不语你还可以有意避开，用别的话搪塞过去，可以谈谈健身美容，说说心情天气等，就是不接话说孰是孰非，岔开话题，挑一些无关紧要的话来敷衍过去，这样他们就知道自己在自讨没趣了。实在不行，干脆找个理由借机走开。

职场人士必须要培养多种技能，才能够在职场中占有一席之地。"独善其身"是需要掌握的技能之一，"独善其身"并非不问世事，而是明明对事情清清楚楚，了如指掌，却因为某些原因，不方便直接说明，这时就需要采取一定的迂回战术，独善其身是一门可以让你在职场中在不遭人妒忌的情况下，从容应对、以守为攻，不动声色赢得成功的学问。

第五节　抓住机遇，付清行动

　　希尔顿，美国旅馆业巨头，酒店大亨，人称旅店帝王。年轻时，他仅是个做小本生意的人。有一次，他生意洽谈失败，沮丧地来到一家小旅馆，想要好好睡一觉。可是旅馆客房已满，老板正在烦躁地将不停涌入的顾客打发走，同时还在不断地埋怨说："这讨厌的小旅店，赚钱少不说还累死个人，害得我想多赚些钱，开个油田都不行。"希尔顿听后忙问老板："假如有人愿意买你这家旅店，你同意卖吗？"老板说："当然，谁只要愿意付5万美元，我可以把这里所有的东西都卖给他。"于是，从中看到无限商机的希尔顿果断地买下了这家旅店。后来，希尔顿不停扩充旅店规模，苦心经营，最终成为了美国最大的旅店老板。

　　机遇在生活中随处可寻，但是常人往往忽视了它的存在，于是与机遇失之交臂。只有那些心思敏捷，具有敏锐洞察力，善于捕捉细节的人，才能够发现机遇。一个人能否成功，善不善于捕捉机遇是尤为重要的条件。机遇的出现是随机偶然性的，有时还未发现就没有了踪影。生命的长河里，跳进旋涡和进入止水，不知你会做出怎样的选择？倘若你连发现机遇的勇气都没有，机遇定会与你擦肩而过。只有拥有发现机遇的敏锐洞察力，拥有挖掘生活潜在动力的细微心灵，才能获得成功。

机遇是人世间一切偶然的巧遇，但在巧遇的背后往往隐藏着必然性。机遇遍及各处，并非触不可及，在生活中，只要我们求知若渴地探索存在的必然性，机遇就会到来。

还在求学时的哥伦布，偶然看到了毕达哥拉斯的一本著作，从中得知地球是圆形的，于是他牢牢记在了脑中。经过一段时间的思考与研究后，他勇敢地提出设想：假如地球真的是圆形的，那么他是不是就可以以最短的行程到达印度了。他的这个设想在当时受到了很多有学识的大学教授与哲学家们的嘲讽。因为，他们都觉得他想向西方行驶最终到达东方印度的理论，纯粹是痴人说梦。他们警告他：地球并不是圆形的，而是平的，如果他执意一直向西航行，那么航船将会驶到地球的边沿然后掉下去……此举不等同于自杀之旅吗？但是哥伦布很坚持，对自己的想法很有信心，然而他生活贫苦，没有钱可以助他验证这个冒险的假设，于是他等着从别人那儿获得资助，帮他实现理想，这一等就是 17 年的光阴。他决定不能再这样无望地等下去，便起程面见国王。国王对他的理想表示赞赏，并赐给他一艘船只，帮他去探险实现长久以来的梦想。可是，水手们都害怕会死掉，没人敢陪他同行，于是哥伦布一方面鼓足勇气来到海滨，抓了几名水手，软硬兼施，先是苦苦哀求，然后紧接劝告，最后用恐吓方法逼迫他们随行。另一方面他又恳求国王如果狱中的死囚同行成就了大事，就允许获释恢复他们的自由。于是，1492 年 8 月，哥伦布带领三艘航船，开始了一段划时代的旅程。航行几天后便有两艘船破了，紧接着又陷入险境，在几百平方公里的海藻中无法前行。他亲自动手把海藻播散开来，让船得以继续前进。然而在一望无际的大西洋中航行了 67 天，依然没有看见有大陆的踪影，水手们都很绝望，失去了耐心，要求立即返航，哥伦布再次软硬兼施说服了船员。也许是车到山前必有路，在接下来的航行中，哥伦布突然发现了一群向西南方向飞去的海鸟，他命令船队立刻更改航向，紧随这群海鸟。因为海鸟总是朝有食物或者适合它们生存的地方飞，所以他估测在这附近可能有岛屿或陆地。最终，哥伦布发现了美洲新大陆。

培根曾经说过："只有愚者才等待机会，而智者则善于造就机会。"机遇是不会原地等候你去发现捕捉的，与其默默地等待还不如主动去寻找挖掘，把机遇掌握在自己手中，由自己来主宰，而不是任由别人来操控自己的人生。比尔·盖茨少年时就很喜欢老洛克菲勒的一句名言"即使将我剥光衣服一文不名地丢到沙漠里，只要有一个商队经过，我也可以很快变成亿万富翁。"每次读到都忍不住感慨："只要遇到机会我一定也要成为亿万富翁。"

具有"方便面之父"之称的安藤百福就是捉住商机，才有了后来方便面的普及。二战前后，日本食品不足情形十分严峻，人们饥饿难耐，拿薯秧来充饥。在这个时候，安藤百福开始相信"只有食物充足，世界才能够和平"，称之为"食足世平"，于是他毅然决定投身到食品事业中。1948 年，安藤创立中交总社食品公司，开始从事营养食品的研究。他利用高温、高压将炖熟的牛、鸡骨头中的浓汁抽出，制成了一种营养补剂。产品刚上市，就深得日本人的喜爱，安藤也因此成为日本食品界的知名人士。营养补剂的生产，为日后方便面调料的研制坚定了基础。1957 年的一个冬夜，安藤百福经过一家拉面摊，看到穿着简陋的人群顶着寒风排长队，为吃一碗拉面竟然能这样不辞辛苦，不由使他产生了极大的兴趣。安藤此时心想，如果研制一种注入开水就能立即食用的拉面，相信大家都会喜欢，对工作忙碌的人来说可是极大的方便。于是经过无数次失败后，方便面终于问世了。

机遇对每个人都是平等的，只是有些人稳稳捕捉到了，有些人与之擦肩而过；有些人探索发现了，有些人还浑然不觉；有些人不停创造机遇主宰命运，而有些人苦苦等待机遇自己上门。

乔治是一位很喜欢打猎的工程师.1948年的一天，他带着狗去打猎，打猎归来后发现自己裤腿上和狗身上都粘满了一种草籽。草籽粘在狗毛上很牢固，要花一定功夫才能把草籽拉下来，乔治对此感到很奇怪，于是，用显微镜仔细观察这种草籽。终于发现，草籽的纤维与狗毛是交叉在一起的，草籽上有诸多小钩子，他忽然想到，如果采用这两种形状的结构做成扣子，一定普及家家户户。后来，乔治经过多次试验和研究，制造了一条布满尼龙小钩的带子和一条布满密密麻麻尼龙小环的带子，两条带子一合，便牢牢固定在一起，这项发明就是我们如今所用的尼龙搭扣。

生活中不是没有机遇，而是缺乏细心观察，发现机遇的精神。正如法国著名雕塑家罗丹所说："世界上不是没有美，而是缺少发现美的眼睛。"机遇不会整齐地排列在人们面前，它需要人们用心去观察生活中的点点滴滴，发现每一处微不足道的细节，这样才能实现它的价值。李顿曾说过："机会拜访每一个人，能够及时活用的人却少之又少。"所以，当机遇来临时，并不是所有人都可以把握住的。如果不能准确地把握，好好地运用机遇，也许它就会在弹指间灰飞烟灭。

怎么才可以成功呢？有人说，所谓"心有多远，就能走多远"就是指想要成功最重要的就是要有目标。因为它可以为我们指引前行的方向，成为不断激励我们勇敢前进的动力。确实，目标让我们离成功量化。克雷洛夫曾经说"现实是此岸，理想是彼岸，中间隔着湍急的河流，行动则是架在河上的桥梁。"所以，如果不付诸行动做你想做的事情，那么成功的几率永远为零。

单纯的拥有目标与梦想是远远不够的，行动也是成功的重要关键。梦想是成功征途的终点线，决心是砰然响起的起跑枪声，行动则是奔向终点的奔驰全程，只有全力奔跑至最后一秒，才能赢得人生的锦标。行动对于成功必不可缺，虽然行动起来不见得就会成功，但是不行动将永远无法成功。有那么一句话："一百次心动不如一次行动！"行动是改变自己，证明自己能力有多么强大的标志。只会空想、耍嘴皮，这些都是虚无的，看不到一点儿实事求是的东西。正如美国著名成功学大师杰弗逊所讲："一次行动足以显示一个人的弱点和优点是什么，能够及时提醒此人找到人生的突破口。"所以无论梦想的大小，目标的高低，从现在开始，我们都应积极努力地行动起来。

一只野狼正趴在草地上不停地打磨牙齿，狐狸看到后说："今天阳光明媚，这么好的天气你也加入我们休闲娱乐的队伍吧！"野狼没有回答它，继续努力把牙齿磨得更加尖锐锋利。狐狸好奇地问道："森林如此安静，猎人们都牵着猎狗回家了，这附近也没有老虎徘徊，既然没有危险，你为什么还要这么费力磨牙呢？"野狼停下来回答狐狸说："把牙齿磨锋利可不是为了无聊娱乐，如果等我被猎人追赶，老虎驱逐的时候再去想到磨牙，还来得及吗？如果我时刻都把牙磨锋利，遇到危险时就能保护自己了"。

其实人类就应该如同这匹野狼，想要成功的生存，就要有所付出，付诸行动。行动决定于个人的思维，而能否获得成功却取决于行动。回想一下，多少信誓旦旦的理想抱负因为没有立刻行动起来而搁浅抛掷脑后？无论多么重要的事情，一旦放下不立马行动，其结果必定是忘记，也许有朝一日又突然想起，但是已经丢失了当初的激情与斗志。目标设置的多远大对成功而言并不是最重要的，也不在于方法多么巧妙，最主要的就是行动一定要比别人生。只有先行动了，其次才能谈论方法；只有先行动了，我们坚韧的毅力才能得以体现；只有先行动了，目标才会离我们越来越近。

一个生活落魄的年轻人，时隔几天便会到教堂进行祈祷，每次祈祷的内容都基本相同。他第一次到教堂时，虔诚地跪在圣殿内，祷告道："上帝啊，请您看在我这么多年真心祷告的份儿上，让我买彩票中一次大奖吧！阿门。"几日过后，他又沮丧地来到教堂，再一次跪下祷告说："上帝啊，我愿意更加谦卑地度从您，可您为什么不让我中一次大奖呢？"就这样，这位年轻人每隔几日就重回教堂进行同样的祷告，如此反反复复。直到最后一次，他依旧跪下祷告："上帝啊，为什么您每次都听不到我的祈祷呢？求您让我中一次彩票吧，哪怕一次也好，我愿意对您信奉终身。"突然，圣坛上空传来一阵威严的声响："我始终在听你的祈祷，但是你想中彩票最起码要先买一张彩票才可以吧！"

还有这样一个故事，有一个生活贫穷和一个十分富有的和尚。某一天，穷和尚对富和尚说："我想去一趟南海，你怎么看呢？"富和尚听后觉得难以置信，重新审视了一遍穷和尚，情不自禁地狂笑起来。穷和尚百思不得其解，问道："你怎么了？"富和尚说："是我耳朵出问题了吗？你说想去一趟南海？呵呵，你有什么东西可以去南海啊？"穷和尚说："我只需一个水瓶和饭钵就可以了。"富和尚大笑说:"去往南海的路途千里迢迢,隐藏着无数的风险与困难,岂可儿戏。几年前我也曾决定去往南海,待我把粮食,日常用品、工具等全都准备齐全之后,再购买一艘大船,雇几个有经验的水手和强壮的保镖,就可以出发前往南海了。你只有一个水瓶和饭钵凭什么可以去南海呢?别痴心妄想了,算了吧。"

穷和尚不再和富和尚争执,执意踏上了前往南海的旅途。遇到小河溪流就装上一瓶饮用水,遇到人家就真诚地去化斋,旅途中他历经沧桑,一路千辛万苦,曾饿晕过,冻僵过,跌倒过。可是,穷和尚从来没有想过要退缩,一直坚持理想勇往直前。转眼间一年过去了,穷和尚终于突破艰难险阻到达了梦寐以求的圣地:南海。两年之后,穷和尚游历南海后胜利归来,身上还是只有当初那个水瓶和饭钵。穷和尚因为去往南海学到了很多知识,阅历丰富,重回寺庙后成了受人敬仰,德高望重的和尚。与此同时,当初那个富和尚还在准备着去南海的所需呢。

许许多多的机遇都因为我们的举棋不定而烟消云散,或者因为我们行动的时差而荡然无存。等到那时,我们只能是一事无成,突然伤悲了。英国著名文学家劳伦斯有那么一句名言:"成功的秘诀,是在养成迅速去做的习惯,要趁着潮水涨的最高的一刹那,不但没有阻力,而且能帮助你迅速的成功。"我想即使不成功,也不会是空白一片的,虽然胜利女神不一定可以眷顾到所有的人,但是只要努力付出与尝试过的人,一定会在人生留下醒目的痕迹!俗话说:"心动不如行功。"如果没有立刻行动的决心,再伟大美好的梦想和目标,再完美无限的计划与策略,结果也只会是水中月,镜中花。

我们每个人都时常把自己的梦想与目标挂在嘴边,可是,有多少人真正倾尽全力付出了行动呢？倘若我们止步不前，没有行动，只会空谈阔论，心中所想与言行表里不一，那么我们不仅无法取信于人，还会离我们的梦想渐行渐远。最终成为一个纯粹的空想主义者。人生中成功实现自己理想抱负，一跃变为成功人士的普通人不计其数，他们都有自己的成功道路，但是也有一个共同点，那就是他们都拥有值得努力奋进追求的蓝图，而伟大蓝图实现的秘诀就在于行动的付出，梦想只是让他们对某些事物产生了兴趣与心灵的追求，行动才是通往成功，构造出蓝图的秘诀。

第六节 弯道超越

　　史泰龙是美国著名动作影星，从高中起就希望自己可以成为一名演员，于是他独自奔向好莱坞寻找制片人及导演。可是用了 3 年的时间，还是没有遇到一个上镜头的机会，没有人看好他。但是他并没有放弃，而是一遍遍反思自己失败的原因，在每次的自我反省中改进着。后来，一个曾经拒绝过他二十多次的导演给了他拍一部电视剧的机会，该电视剧首季就创造下最高收视纪录，从那之后，史泰龙成为了众人皆知的影视明星。

　　人的一生，注定会有很多不尽如人意的事。可以说，越是成功人士，所遇到的不顺心事越会更多。踏往成功的道路布满荆棘，蜿蜒曲折。在无尽的艰难困苦中，能把自己磨练成一个风雨不动安如山的人，迎接他的一定是成功。

　　开车的朋友一定都深有体会，在高速路段上每行驶一段距离就有转弯处。设计道路之初，设计师每当遇见高山便打隧道，遇见河流就架桥梁，这是因为想距离最短，就要两点之间为一直线。可是，路直不见得就是最好的。有时，如果一段路太直就需要人为设置一些拐弯点。因为太直了，危险会随着行驶距离的变长而增大。这段人为设置的拐弯路段，我们就叫它必要弯路好了。当然弯路如果太多，也不适合高速行驶。但如果高速公路是一条无尽的直线同样也是不可取的。这样人们会追求速度，导致车辆行驶过快，引发交通事故。因此，在高速公路上设置一些人为弯路，是让驾驶者们知道，高速路有弯路并不是直道，脑中要紧绷安全这根弦，谨慎驾驶，降低行驶中可能带来的风险。存在的必要弯路，虽然加大了行驶路程，但保证了行驶安全与路途畅通，所以相对来说，行驶路程应该是"短"了。

人生其实也是这样，对我们的成长而言，路途太平坦并不是一件好事。有时，为了能激发出我们的潜在能力，就需要一种危机感，去唤醒潜藏在内心深处不易发觉的人生激情，从而实现人生价值最大化。人之所以平庸，并不是因为自己有多么差劲，而是因为过于平静，满足于现在的状况，不知上进，自己的潜能被雪藏于内心深处，将自己埋没在了平淡无奇的生活里。不要总是对别人的成功羡慕不已，你也可以成功卫冕！

日本浅野总一郎是浅野水泥公司的创建者，被称为"水泥大王"。23岁时，从故乡富士只身来到东京。一段时间里他找不到工作，身上也没有分文积蓄，每天都吃不饱。"要不卖水好了。"突然有天他灵光一闪，在路边支起一个卖水的地摊，工具大多是从别处捡来的，一杯水卖一分钱，第一天只卖了6角7分钱，这也足以使他不用挨饿了。浅野总一郎成名后说道："危机是人生难得遇见的绝好机遇，也就是说，在困难中，人的思想会发生改变，同时给了自己一个转机，人们会升起更多的勇气，变得聪明，懂得不断向前。

所以人生中的困苦我们没必要恐慌，要感谢它们才对。"

对成功绝不轻言放弃。人生道路布满荆棘坎坷，我们不断奋斗拼搏，但道路上总有或多或少的艰难困苦阻挡，它们想让我们低下头臣服于它。懦弱的人因此而发抖，被它击败吓倒，认为命运注定让他们只能做失败者。

机遇难求，把握不住也就失去了，所以我们要紧紧把握仅有的机遇，努力进取，最终收获都会变得不菲。只有面对困难坚持不懈、勇敢拼搏的人，最终才能历经千辛万苦战胜困难，获得最后的胜利。

生活再怎么穷困潦倒，薪水再怎么杯水车薪，创业之路再怎么蜿蜒曲折，也请不要去置疑你的信念，要做一个不轻言放弃的人。有了信念的引导，你才能够在面对矛盾时调整好心态，面对失落时重新给予正确的定位，才能够"百尺竿头，更进一步"。那些获取成就的成功人士，多数都在寻求梦想的旅途中展现出了一种自强不息的生命力。

人生中会有很多身心不顺的事情，失败的人此时不应该黯然神伤，应昂首阔步，继续去叩响成功的大门。只要我们自始至终怀着一种不认输的心态，勇往向前，那么失败并不可怕，因为胜利会在不远处向你招手。只要困难击不垮信念，黑暗的幕布就会被希望的光环驱散。

执着是梦想旅途中解决艰难困苦的利刃，它能协助你劈开艰难的道路，跨越荆丛，迎来充满鲜花与掌声的明天。

要想成功就要不怕艰难困苦，无论事情多么的不如人意，都不能被击倒。当你怀有梦想的时候，就应告诫自己，"我要坚持不懈"。即使有再好的梦想，如果没有这份执着为你扬帆护航，终会因经不起挫折和失败而丧失动力。困难和迷茫让我们无计可施，压得我们喘不过气。或许我们所想走的路和现实不同，遇到的无尽困难也无法预知，那我们该如何解决呢？方法只有一个，绝不服输，做一个不轻言放弃的人。输这个字多么心酸刺耳，但因我们追求的是胜利，所以此时会冲破险阻迎难而上，这就是面对人生突发困难应有的决策，始终如一执着的坚守成功的信念。这是事实，没有谁可以轻轻松松的得到成功，想要胜利就应勇敢面对失败和挫折，挥洒出你的汗水与泪水，有时甚至还需要你付出自己的宝贵生命。成功总需要付出巨大的代价，但成功所创造出来的价值确永远高出我们的倾力付出。

世上为什么只有20%的富人，80%的穷人呢？那是因为成功和失败的关键就是执着的精神。不论是富贵还是贫穷，不论是精明还是无知，胜负都在于执着的精神。一个人如果想要成功，但却没有这种不言弃的执着精神，那么不论是在哪行哪业都注定会是失败，即使你拥有了一些成就，但这微不足道的成就又能说明些什么呢？成功是什么呢？怎么做才能获取成功呢？如果想要顺利步入成功的未来，就要避开路途中的坎坷。

人生就是在困难中长大，在失败中慢慢领悟。前行的道路越来越艰难，等待我们的是意想不到的困难和挫折，如若不想被它们击倒，那就要击倒它们，人们常说最难战胜的敌人就是自己。因此，想要成功，就要先打败自己，如果连自己都无法战胜，那什么都是无稽之谈。当然，打败自己并非是易事，要用充分的事实警醒自己，我行！我能行！站得越高看得才越远，付出的越多得到的就会越多，所以只有不停地完善自我，让自己拥有如同巨人般强壮的体魄，如同阿凡提般非凡的才智，才能永远立于不败的巅峰。

不顺心的事情侵入了人的一生。越是成功的人，不顺心的事也比常人要多。要想让生命攀顶高峰，绽放炫丽光彩，就不能受困难与挫折的羁绊，让它们捆绑了你的心灵、占据了你的生活，将你击倒。应该懂得学会一笑了之，淡然面对，用潜在的能力拼搏。成功的人就是要在生活中勇往直前把自己磨练成一个坚忍不拔谁也击打不倒的不倒翁。

第七节　耐得住寂寞才能心想事成

马克·吐温是美国著名作家，有次他收到一封年轻人的书信。信中写到，我是一名刚刚毕业的大学生，我想做一名新闻记者去往美国西部，但是人生地不熟，所以想请马克·吐温先生帮帮我，帮我推选一份工作。马克·吐温在给这位年轻人的回信中提出了"三步骤"的求职建议：第一步骤，找家报社说明，我想找到一份工作，不苛求薪水多少；第二步骤，到报社上班后认真做事，默默奉献做出一定的成绩，随后再向报社提出自己的需求，只要报社能给予与付出相应的薪水，就愿意留下继续工作；第三步骤，只要成为了经验丰富的业内人士，更好的职位自然会找上你。

后来，这为年轻大学生遵循马克·吐温的"三步骤"建议认真去做，成功找到了自己渴求的"好职位"。

最容易成功的人就是能够耐得住寂寞空虚的人。但凡能忍耐寂寞的人都是拥有宽阔胸襟、坚毅忍耐力、持之以恒的人。能够在繁华世界耐得住"寂寞"，静待寒冬过后的花开遍野，着实是一种高尚的境界。

一些人无法取得成功并不是没有机会，而是自命不凡，武断猜忌，将机会拒之千里牢牢地阻挡在了门外。只有不断提高自己把握住机遇的能力，不停清除内心自私狭隘，浮躁自大的杂草，留下足够的空间等待机遇，才能在机遇降临时稳稳地捕捉到它。

作家刘墉说过："年轻人要过一段'潜水艇'似的生活，先短暂隐形，找寻目标，耐住寂寞，积蓄能量；日后方能毫无所惧，成功地浮出水面。"一个胸无大志的人是耐不住寂寞的，他们常常会被外面的花花世界所干扰，最后，在的动摇与徘徊之中浪费了自己的大好时光。而只有那些能够抵得住诱惑又耐得住寂寞的人才可以取得最后的成功。

机会往往就在你的身边，它时刻存在着，只要你懂得抓住时机去捕捉。在通往成功的旅途中，如果你不能有足够的耐心去守候成功的降临，那么，你就只能用一世的耐心去面对无尽的失败了。

从古至今，凡成大业者在创业初期，都是在寂寞中暗自萌芽的人。化学元素周期表是门捷列夫在寂寞中诞生的，镭元素是居里夫人在寂寞中的发现，这些都是他们在寂寞中反反复复做学问，日复一日思索和无数次实践中获得的成就。一生中每个人的机遇都是不同的，但是只要你学会在寂寞里不停补充、完善自我，那么当机遇悄然降临的时候，你就能把握住机会，赢得成功。

47岁的英国无业大妈苏珊·波伊儿在《英国达人》的电视选秀节目上，凭借着《我曾有梦》一曲成名，从此变成星光璀璨的明星，让无数人羡慕崇拜。其实苏珊是从12岁开始练习唱歌的，在成名之前，经历了漫长的35年。有这样与那样的不甘于碌碌无为的追求，但是有多少人能够守护住寂寞坚挺到最后呢？谁都没有能够预知未来的魔镜可以告诉你说奋斗了，忍耐了，就会散发成功的光芒。

有想法的人不计其数，有办法的人同样数不胜数。但是这些对于成功而言是远远不够的，因为受得了寂寞一样必不可少。英国苏珊大妈的成功是否就告诉了我们：你只要受得住寂寞，就能赢取胜利的机会呢？她35年来从没想过放弃唱歌，这可是35年啊，一个花季少女经过岁月洗礼变成了一位沧桑大妈，这过程中倾入了多少心血、忍耐了多少寂寞，这都不是我们可以轻松体会的。

忍受寂寞是世界上最容易也最难的事情，但只要我们有恒心去做，所有人都能够做到。我不禁感叹！世上经得起寂寞的人少之又少，以至于能够成功通往人生巅峰的人也微乎其微。

真正有才华的人，总是行事独特，才思敏捷，与众人大不相同，多是深藏若谷之人。很多人都会觉得这种人古怪，没有亲和力，与群体格格不入，在团队中不被认可。一位经商的友人说过：我常常会做一些别人难以理解的事情，但每当他们知道我这样做是为什么时，就会来模仿我，他们模仿的时候我早已挣了大笔钱。

用一生撰写的马克思，起初他的崇高思想并不被世人认可；创作了许多不朽画作的梵高，其作品也是在死后才被后人崇奉为经典；许多倾家荡产用毕生精力去探险的勇士，也是在暴尸荒野时才受到世人的追悼……

生活中，不论做任何事我们都应记住"耐得住寂寞"，事情不是不用费吹灰之力就可以完成的。要想实现自己心中的理想和梦想，需要几年，几十年，甚至几百年的倾力付出。

那些成功欲望强烈的人，他们的目光是放在成功之后的。他们清清楚楚地知道：只有获得了成功，他们的痛苦才能够得以解除，快乐生活才能得，于是他们决定必须成功。他们更知道，一些东西在成功的旅途中要舍弃是必要的，所以他们愿意承担。

著名的发展心理学实验"糖果实验"说明：更容易在今后的事业中取得成功的是那些能抵挡住诱惑的孩子。瓦特·米伽尔是美国心理学家，他给了一些四岁的小朋友一人一颗特别香甜的软糖，并且告诉这些小朋友现在可以马上吃糖，但是如果吃了就只能得到这一颗糖；如果不吃，而是静静等待20分钟，那么就可以吃两颗。一些小朋友迫不及待地吃掉了糖果；另一些小朋友静静地等待了20分钟，这20分钟对他们而言艰难且漫长，为了能够坚持住不动摇，他们有的闭上眼睛不去看不去想，甚至因此而进入了梦乡；有的通过唱歌等方法分散自己的注意力，最终，他们如愿以偿吃到了两颗糖果。

糖果实验没有终止而是一直在继续，那些当年能够耐心等待20分钟为吃两颗糖的小朋友，成长至青少年时期依旧能够坚持等待，而且凡事都不急于求成；那些当年迫不及待吃掉手中糖果的小朋友，成长至青少年时期会有些顽固压抑，行事优柔寡断的个性体现。在对当年这些孩子的父母和老师的调查中证明：四岁就能以抵挡诱惑赢取第二颗糖果的孩子皆有较强适应力和冒险精神，自信乐观，坚强独立较受大家的喜爱；而四岁时抵挡不住糖果诱惑的孩子多数自卑孤僻，经不起挫折，固执的个性常臣服于压力不敢面对挑战。

十几年之后研究人员再次考察这些孩子的表现，发现，能够耐心等待时间获取糖果的孩子比缺少耐心等待的孩子学习成绩更好一些，获得成功的可能性也更大一些。在后续几十年的持续观察中，抵得住诱惑的孩子在事业上的表现都很出色。哈佛大学心理学家丹尼尔·戈尔曼依此得到定论：自律对一生的成功都很重要！

成功人士能够成功的原因在于方方面面，但其中一个成功的原因，那就是他们可以忍耐得住寂寞，抵挡得住诱惑。

如果想要有所作为，赢得成功，可以有幸福快乐的生活。更应该不断地证明自己耐得住寂寞，耐得住寂寞，还是耐得住寂寞。只要忍耐住寂寞我们定会心想事，成有所作为。

第八节 抛开过往，把握当下

英国第53任首相劳合·乔治有一个随手关上身后的门的习惯。

有一次，他和朋友在院子里散步，每次经过一道门，乔治都会顺手关上，朋友不解地问他："有必要关上这些门吗？"

乔治微笑地回答说："当然有必要。我的一生都是这样，随手关上身后的门，这是必须要做的事情。当你关闭这扇门的时候，也就是把过往的一切关在了身后，不管那些东西是不凡的成就还是令人不悦的失误，你都可以抛开，然后着眼当下，重新开始。"

朋友听了他的话，陷入沉思。关上身后的门，才能更专注前面的路，放下昨天的包袱，才能够轻装上阵，沉沦于昨天的悔恨或辉煌中是无法解决任何问题的，只有把目光投向今天或明天才能创造更美好的未来。

"从前种种，譬如昨日死，以后种种，譬如今日生"，把每一天当作新的开端，把每一天当作新生命的开始，忘记过去的事，做好现在的自己，才能不浪费当下的时间。乔治正是凭借这种抛开过往，把握当下的精神，一步步走向了成功，登上英国首相的座位。

在漫漫人生长河中，经历的种种，就像蜗牛小小的触角一样，着实是微不足道的。所以，适当的放弃，不会有什么损失。

人生道路蜿蜒盘旋而上，世人都曾因丢失了珍贵和美好的东西而陷入无法自拔的回忆，一蹶不振。这时的我们应该静心去体会身边传递来的温暖，可能会是一句激励你的话语，可能会是好友一个温柔的举动，这些足以让我们抛开痛苦的回忆，击退懦弱与胆怯。抛开回忆，我们就会发现，有那么一个人一直陪伴在我们的左右，他和我们风雨同舟，有福同享，有难同当，一起支撑着爱的雨伞，携手共渡人生风雨。失去的已成为过去，再多的回忆也无法去挽回。

人生在世，不如意的事情有很多很多。这是我们必须要面对的现实，心理学家马斯洛曾经说过："心若改变，你的态度就跟着改变；态度改变，你的习惯就跟着改变；习惯改变，你的性格就跟着改变；性格改变，你的人生就跟着改变。"所以我们应忘记对曾经的不舍与回忆，努力感受当下的生活。每一天都用平常心去面对，以感恩的心对待"当下"，这样我们才可以领悟到人生的真谛！也许，人生的真正意义，并不只是赢取最后的成功，更多的应该是用心去享受人生道路上的点点滴滴。

成长本来就是人生旅途上的一次心灵旅行。在这段旅程中，我们逐渐地成长，幼小的心灵经过一次又一次困难的磨练，一阵又一阵风雨的洗礼，慢慢从幼小变得越来越顽强，坚不可摧！无数次的失误，无数次的遗憾，无数次的伤害，所有的无数次都是人生旅程中最宝贵的财富！谁都曾犯错过，谁都曾失败过，谁都曾迷茫过，那都已是曾经，现在我们要时刻用良好的心态去面对生活。

时间蹉跎了岁月，这样的季节里我们失去了很多，但留不住所有的回忆，已经失去的痛苦，谁又能全部都记得呢，人生不会停止，仍然在继续………

虽然回忆被时间慢慢冲淡，但是如果可以，我们多么希望时间不要将我们麻痹，麻醉了心灵，保留下珍贵的过去。蓦然回首，即使知道一切都再也无法挽回，却依然还是恋恋不舍，人生大概就是如此吧…

许多人明知道一切都不可能再发生，却依然舍不得，不甘心放下过去，总是不愿意站在事实的眼前。许多人总是回忆曾经的成就，不断重提过去的辉煌历史，总爱说："想当年我怎么怎么样……"。沉醉在了过去的不归路当中。

我们的心灵在成长旅途中，历经从稚嫩、肤浅、薄弱到强大、深刻、坚韧的洗礼！涅槃重生！历经艰难困苦磨炼的心灵，更能迸发出无穷的能量！而逝去的酸楚和泪水，都将变为弥足珍贵的美好回忆，深藏于回忆最深处，赐予我们力量！

从顺境中勇往直前，乘势而进，从逆境中心怀感恩，蓄势待发，这才是认真活在当下的务实智慧。明白了这点，我们的心灵才会得到疏通豁然开朗，事业才会稳定节节攀高。

环境在不断改变，如若无法适应，优胜劣汰的情况下我们早晚会被人生的洪流所吞噬；只有适应改变，才能紧随时代步伐，获取良机。正如一句名言所说，"生活的最大成就，就是不断地改变自己，以使自己悟出生活之道"。所以说，不停地改变自我，才有生活的出路。

过去的就让它过去，不要再依依不舍。还没有来到的不要空想，等它到了再说。我们要做的是把握住现在，做现在应该做的事。

得与失，是完全相反的两个概念，毋庸置疑的是所有人都希望自己可以得到，没有人会希望自己失去，那么，得到是不是就百分之百是正确的，失去就百分之百是错误要否定的呢？事实并非如此。得与失确实是对立相反的概念，但它们的关系却是极为密切，必不可分的；在得到的时候，你必将也会失去很多，相同，在你失去的时候，必将会收获不少，所以不要没事就计较得失，学会看开些，是得还是失往往都是人们的一念之间，泰然处之才是明智的选择。

比如，有些人说"想当年我挣了多少多少钱"，有些人说"想当年我住过的房子多大多大"，以此作为自豪的辉煌过去，回忆过去本身并没有错，但是，它真的能够让你拥有快乐吗？总是陷入过去无法自拔，根本看不清眼前的世界多么美好。这是根本不是"活在当下"的表现。事实上，真正要重视的人生是把握住此时此刻，活在当下。

一位文人曾说过："当你存心去找快乐时，你往往找不到，但如果你让自己活在现在，并全神贯注于眼前的事物，快乐便会不请自来。"如果你把所有的精力都消耗在了对过往的追忆上，对"当下"的所有熟视无睹，那么你将永远也无法得到成功的欢乐。"

事实上，每个人都有星光璀璨的过往，但我们着要的是面对现在与未来。但我们却经常喜欢回忆，却不知道一旦陷入了回忆的沼泽，我们将深陷其中无法自拔。只知道回忆过去辉煌的时候，那些回忆已经深深扎根脑海，让你对现实的生活没有了反手的能力，压抑充满了整个内心，无法再承受现实，于是随着时间消逝，慢慢学会了抱怨，变得无比堕落。长此以往，我们还不如平平淡淡生活的人幸福，也许他们没有比我们优秀的曾经，但他们在不断的前进，或许速度很慢很慢，但他们至少在前进。

"花有重开日，人无再少年""百川东到海，何时复西归"，毕竟过去无法重新挽回，明日也不知会迎来些什么。所以你最应把握的就是当下。一些人还总是为曾经的种种事情而苦恼不堪，盼望回到曾经。但是，时间告诉了我们，过去不可能再重来。人生每天都在不断新课程，只有把每天的"功课"都及时努力做好才是最重要的！抛开我们的过去，勇敢的活在当下，这是一条迈向成功的途径，这种环境下的人才能摆脱捆绑的束缚，将自身能量最大释放。

第九节 淡看人生，潮起潮落

　　年仅8岁的昭广，在第二次世界大战结束之后，因各种变故被安排在乡下外婆家生活。外婆家里生活很是清贫，昭广自小爱好运动，于是外婆提议让昭广锻炼跑步，因为跑步不用花钱，家里实在没有多余的费用去给他买体育用品。而正是这个原因让昭广成为了运动会赛跑明星。

　　为了能够继续生活下去，外婆横放了一根木头在家门外的小河里，用来阻拦从上游被丢弃而漂流至此的物品，拦截下来的物品有破旧的衣物、不新鲜的蔬菜、奇形怪状的水果、还有可以用来烧火的树枝等等，用外婆的话来形容，这条小河就是她家的超市。每当看到这些顺流而下的东西时，昭广和外婆总是会为这些意外收获而兴奋不已。有时，当木头没有拦截到任何东西的时候，外婆总会自嘲说道："超市今天难道放假吗？"。

　　在和外婆一起生活的8年里，昭广学会了外婆的乐观，积极向上的心态，无论面对什么困难，都能够主动微笑着去面对。他把真实的生活态度融入到了喜剧表演中，把快乐用表演的方式传播给了所有人，最后，他成为了著名的喜剧演员，享誉世界。

生活中什么是幸福？平平淡淡的生活会幸福吗？这是人们经常会有的困惑。我们无法否认自己不幸福，但是又对幸福感到茫然。因为"幸福"这个词的概念难以解释，太过神圣；"幸福"的真正意义太深奥，太难得到；"幸福"的目标太迷茫、过分追求。

幸福，它是一种淡然平静的态度，是面对任何事情都淡定自若，一种难得的平和与从容。具有这种态度的男士，沉着稳重；具有这种态度的女士，优雅文静。甘于平淡，也许是众多养成平淡心态方式中的其中一种。但是我更加喜欢爱上平淡这种说法。

平平淡淡的幸福，才是我们幸福享受生活的真正开始。生活的构成源于各种各样的滋味，所以我们用心去品尝人生的酸甜苦辣；任何的情感都是生命的真谛，所以我们享受人生每一次的喜怒哀乐。很多人不苛求海枯石烂，刻骨铭心，而只是单纯地向往平平淡淡的幸福。所有人都希望能和相爱的人淡淡地生活，静静地相伴左右，时而含情脉脉的对视传播柔情万般缠绵，亲密的相拥在一起，让爱的波流不断涌动，心为之跳动。

不同的生活方法赋予了人们生活不同的真谛，有些人时刻高喊着"无聊"，一路流逝了光阴，虚度了人生；有些人用心去体会，尽享生活中点点滴滴的幸福；有些人踏踏实实，粗茶淡饭，淡然的幸福着；有些人认为幸福是浪漫与激情；有些人认为幸福是知足常乐，只需要有一份稳定的工作、一份真实的情感、平平凡凡的人生就心满意足了；有些人不断在茫茫人生道路上求索，耗尽一生的热情追求成功……

有一对夫妇和女儿一起生活着。这对夫妇每天起地很早，早早把孩子送去学校，再到旁边一饭店打工。一家人虽然辛苦但是每当放学时，大家都能看到这样一幅温馨的画面：

下班后，妻子洗完衣物然后准备饭菜，一边做着一边哼唱着歌曲。晚餐结束后，一家人有说有笑的看电视。阳光灿烂的日子里，妻子早早把被褥拿出去晾晒；黄昏时分，丈夫下班回来，坐在书桌前陪着女儿，看她认真地做着作业；夫妇二人偶尔携手外出散步，相依相偎，紧紧相伴的甜蜜画面……

知足是一种处世态度，常乐是一种释然的情怀，这是许多人都明白的道理。但是，身处人世红尘之中，人们的欲望太多太多，诱惑也太多太多，世间万物，岂能都尽如人意？充满聪明才智的人，怡然自乐，懂得在平淡中改善自我；愚昧蠢钝的人，自寻烦恼，在追逐中迷失了自我。不管你是贫穷还是富贵，人的一生都极其短暂，不是所有人都能够成为万人敬仰的伟人，也不是所有人都能够把人生价值体现的淋漓尽致。古语"知足者常乐"大家都知道，就是要我们追求过后学会去体会平平淡淡的生活滋味。

美国开发初期有过这么一个故事：当时的美国土地广阔，人烟稀少，土地的价格非常便宜，以每人每天所跑的范围为标准出售。于是有那么一个人交付了钱后就开始拼命地奔跑，从清晨到晌午再到傍晚，此人不敢有丝毫的停歇，就怕自己少圈了地。最后他确实是圈了很大的一块地，但是却也因过度的狂奔，累死了。卖主只能把他草草地埋葬在了此地。无论一个人是一贫如洗还是富贵奢华，当生命到了尽头，剩的也只不过是一席之地，得以安葬而已。"纵使千年铁门槛，终须一个土馒头"说的正是这个道理。

　　知足常乐并不是让你安于现状，不思进取，而是一种需要适可而止的心态。大家不能沉溺于欲望带来的满足，形成病态心理，知足它是一种积极向上的健康心理，需要精神上的节制与坦荡。一种欲望得到满足，同时就会增生出十种百种的欲望，在压制中迸发。它们不会全部一一实现，如果人们只为满足欲望而活着，那么永远也得不到满足，人们一定会"不知足，常不乐"。

　　人生复杂却又简单。不畏惧平淡的生活，但是怕感受不到真实的生活。不畏惧艰难的生活，但是怕生活中没有了真情。拥有平静心态的人过着平淡的生活就是一种简单的幸福。如果心态一旦变得复杂，现实生活就无法再得到满足，对生活层次以及情感上都产生了更高更好的追求，此时随之而来的是生活的烦恼。

　　人生不需要锦衣玉食，人生所需要的是安安静静的生活，平平淡淡地度过每一天。人生就是为了生活，两个人共同操心每一件事，为大事小事奔波或者是争吵。人生就是为了生活，两个人共同在艰难的旅途中，相互依靠搀扶，不计得失，只在乎在一起的幸福时光。

　　人生在世何必一定要追求轰轰烈烈、海枯石烂，平平淡淡何尝不是一种享受。漫长的人生之旅，以平常心积极乐观地面对生活的曲折绵长，将一切看的平淡美好。生活虽然平常无奇，但却也充满了惬意，平平淡淡才是生活的真谛。

　　平淡是真实的幸福。守护住平淡才是守护住了幸福，一个人虽然生活平平淡淡，但这并不能代表他就是懦弱，因为平淡的日子占据了生活绝大多数部分。只要我们能在平淡的生活里品尝出所有酸甜苦辣的味道来，才能在这喧嚣杂乱的凡世生活中寻求到快乐，这才是真正意义上的幸福。

第七章
生活是一种绵延不绝的渴望

第一节　人活到极致一定是素与淡

在发现镭之后，居里夫妇收到从世界各地寄来的信件，均希望可以知道镭的提炼方法。居里先生对一旁的居里夫人淡然地说："此刻，我们面临着抉择，一是毫不保留的向世人阐明我们的研发成果，以及镭的提炼方法；二是以镭的发明者与所有者自称，但在此之前我们应先获得铀沥青矿提炼技术的专利执照，而且还要确立我们在全世界造镭业上该有的权益。"居里夫人对第一个选项表示了赞同。

如果居里夫人选择了第二个选项，我们都知道他们会赢得什么。巨额的奖金会为他们所有，不仅可以让他们过上锦衣玉食的富贵生活，还能让他们的儿女同样受益无穷。但是，他们拒绝了第二项选择。让我们深刻感受到了她非凡的气度和淡泊名利的人生心态。

一天，洞山禅师在与云居禅师的闲聊中随意问道："你爱色吗？"正在用竹箩筛豌豆的云居禅师听闻洞山禅师如此问他，着实一惊，吓得把筐里的豌豆都撒了一地。洞山禅师笑着弯下腰，把滚落到跟前的豌豆一粒一粒地捡起放回了筐里。

洞山禅师刚才的话依然回响在云居禅师耳边，这个问题实在是没有办法回答，他不知该怎样回答。

"色"所含括范畴太广了！买衣服时是否注重颜色？面对美味佳肴时是否看重菜色、酒色？挑选住宅家舍时是否重视墙色？为人处事时是否会看他人的脸色？是否迷恋真金白银的财色？是否倾慕性感妖娆的女色？

云居禅师心中不断风起云涌。想了许久之后，才放下手中的竹箩说："不爱！"

云居禅师受惊、闪躲、逃避、挣扎的表情被洞山禅师尽收眼底，惋惜地继续说到："你是真的想好怎么回答这个问题了吗？当考验真实的出现在你眼前的时候，是不是真的能做到镇定应对呢？"

云居禅师向洞山禅师脸上看去，大声回答说："当然能！"想要看看洞山禅师会怎样回答。但洞山禅师却没有任何回答，只是微微一笑。

云居禅师十分疑惑，反问到洞山禅师："那么我可以也问你个问题吗？"

"你问吧！"洞山禅师依旧微笑着说

云居禅师这样问道："女色，你爱吗？你能从容应对它带来的诱惑吗？"

"我就猜到你会这样提问我！"洞山禅师哈哈大笑道"。你问我是否爱女色，爱和不爱之间又有怎样的关系呢？我看她们只不过是美丽的外表掩饰下的臭皮囊而已，没有必要看他人的脸色，只要自己心中坚定想法就好了，何必要在意他人在想什么！"

眼中有色，心中无色，才可以在面对人世间各种诱惑的时候淡然处之。色即是空，空即是色，云居禅师嘴上虽然说可以真实地面对考验，但是他却自己不曾察觉的在意了洞山禅师的脸色。如果真的心中无色，就不会在回答这个问题时如此挣扎，不能辩解。

那么诱惑我们的到底是什么？钱财、权利、美色……种种的"色"让多少人心乱如麻，深陷其中，不能自拔啊！

有那么一则寓言故事：一头狼被一根骨头卡住了喉咙，痛苦不堪，于是便许诺，谁能够帮助它把喉咙里的骨头取出来，定当重金报答。当一只长嘴鹤得知此消息后，没有丝毫的犹豫就把脑袋伸至狼的喉咙取出了骨头。随后长嘴鹤向狼索取自己的酬金，狼却亮出尖锐的牙齿冷笑道："哼！我让你的脑袋安然无恙的从我嘴里抽出来，还有比这更大的报酬嘛！"

在重金的诱惑下，一定会人站出来。看来"钱色"的引诱力真的很大，以至于长嘴鹤不顾生命危险将脑袋伸入狼嘴里去牟取利益。认真审视一下，要钱不要命真不是一笔划算的买卖，虽然对方给出了巨额的酬劳，但是却是用生命当作赌注的本钱，这着实是亏大了。正像狼说的，能留住性命全身而退，已经是最大的酬劳了。这一次是幸运的，今后，"狼"嘴里不见得是真的有骨头了，生活中这种圈套数不胜数，让人们防不胜防，稍不注意就深陷其中，尸骨荡然无存！

"诱惑"——多么可怕的字眼，犹如魔鬼般摧毁了人们的希望与梦想。金钱名利，美女佳人，高官俸禄等，多少人都心甘情愿地踏入诱惑所设的层层漩涡。我们的双眼被权势所蒙蔽，纵使是站在悬崖峭壁的顶端，还是会不禁沾沾自喜，殊不知自己就要跌向万丈悬崖。

在这个满是诱惑的时代，想要保持一颗纯净的内心、一份清醒的处事态度，是需要多么大的坚韧毅力与勇气。常见的，贴满大街小巷的小广告总是映入眼帘令人应接不暇，搞不清所以然，明明被骗吃亏上当了却还以为得了多少便宜。生活中有太多让人防不胜防的陷阱，所以不要被诱惑迷住了心窍，应每时每刻都保持警惕。

做到无色，才能淡然。所以，"徘徊于桂椒之间，翱翔于激水之上"，面对玲琅满目的各种诱惑，重点在于"降伏其心"，不为诱惑所迷惑的心志，经得起蛊惑！

漫长的人生道路我们要守得住寂寞，抵得住诱惑，保持住淡定。

淡定和从容是智慧的象征。打动无数人心的是佛祖拈花的手指，但仅有迦叶使者，露出会心的微笑，笑得那样自然而完美，让世人领悟到真正的大彻大悟、超凡脱俗是怎样。佛法云"四大皆空"，并不是真的指这些都不存在，只是想要我们明白一个道理，学会放下。

第二节　不要辜负了美好的晨光

俄国现实主义文学的奠基人果戈理，以勤奋写作而闻名。他每天都坚持进行写作练习，他说："身为作家，就应该向画家学习，要随身携带笔与纸张。画家假若荒废了一日光阴，没有完成一幅画稿，这样是不好的。同样，身为作家，假若荒废了一日光阴，没能记录下一点思想，也是不好的……所以必须坚持每天练习写作。假如一天下来什么也没有写，该如何处理呢？没关系，只需拿起笔来，写上'不知为什么今天什么也没写'，这样一遍遍写下去，当你写的不厌其烦了，你就会去写作了。"

正是因为具有不愿荒废时光、勤奋向上的精神，果戈理才成为了世界上伟大的文学家，流传下了一部部传世巨著。

"世界上最聪明的人，总是让别人觉得他是一个有希望的人。"这是阿拉伯的一句谚语。在做人时，你只有坚定不移地相信：一个人成功的要素就是坚韧，只有坚持不懈，一切事才有希望。别人也才能对你产生希望。不然，不仅自己一事无成，也会让别人失望。

自己是人们最难战胜的劲敌，一个人是否能成功来自于外界的的障碍很小，最大的障碍就是自身。除了真正难以办到的事之外，如果力所能及的事却做不好，这就真的是自身问题了。因此，我们应时常磨练自我，不管外界的压力多么巨大，我们都要努力顶住压力，控制自己。创造奇迹的机会来源于压力，假如没有压力，又怎能完成大事呢？所以，成功贵在坚持，贵在人的坚韧，贵在永不言败的信心与毅力，贵在具备屡败屡战，永不言弃的坚韧。距离成功越近，遗憾也会随之越来越多，所以，有人说："英雄，并不是因为运气高于普通人，而是因为比普通人多出了坚持5分钟的勇气"。

苏秦，战国时的大纵横家，年幼时家境贫困，饥寒交迫，读书成为了他唯一的一件奢侈享受。为了可以读书并维持生计，他经常卖掉自己的头发并为人打短工，后来，他离乡背井来到齐国求学，拜师鬼谷子学习纵横之术。

苏秦自认为学有所成之后，急不可待地与老师朋友告别，想要遨游天下，谋取高官俸禄。但是一年以后，他地盘缠用尽了，依然一无所获。于是没有办法再维持下去，他衣衫褴褛的踏上归途。当回到家时，已经瘦骨嶙峋，衣衫破烂不堪，和乞丐没什么区别，落败的模样让人心升同情。妻子看到他这番模样，忍不住叹息，继续纺织；嫂子看到他这番模样，转身离去，不再做饭；父母以及兄弟姐妹看到他这样都不愿搭理，并且暗自嘲笑他："按照周人从古至今的传统，应该安分守己，从事工商，努力赚的五分之一的薄利养家糊口，如今可好，抛弃了最根本的事业，非要去卖弄口舌，最终沦落成这样，真是咎由自取！"此番情景，让苏秦自惭形秽。

伤心的他把自己关进了房间，不愿意见任何人，用心地反省自己的过错：妻子对丈夫不予搭理，嫂子不承认有小叔子，连父母儿女都看不起我，都怪我不思进取，急于求成半途而废啊！

苏秦自我反省之后找到了自己的不足，又重新振作起来，翻出所有书籍，继续发奋读书，他想："身为一个读书人，如果无法凭借埋头苦读学来的学问赢取到尊贵的地位，那读那么多书又有何作用呢？"于是，他在这摞书中挑出了一本《阴符经》来，刻苦钻研。他每日都苦读至夜深人静，有时读着读着就趴在书案上睡着了，每当睡醒，都懊恼不已，痛斥自己无用。有次又不知不觉的睡倒在了书案上，手臂不知被什么刺了一下，突然惊醒。低头一看才发现是书案上的一把尖锥，于是他立马想到了一个防止睡着的方法："锥刺股"。从那以后每当想要睡觉时，他就拿锥子狠扎大腿一下，把自己痛醒，使自己时刻保持埋头苦读的状态。因此，他的大腿时常惨不忍睹，鲜血直流。家人见他如此，于心不忍，忙劝他道："我们可以理解你想要成功的心情，知道你的决心，但不一定非得如此虐待自己啊！"苏秦总是回答说："只有这样，我才能谨记过去的耻辱，只有这样，我才能逼迫自己苦读！"

苏秦历经一年以鲜血换来的"痛"读，终于学有所成，撰写了《揣》《摩》二篇。此时，他信心满满地说："现在可以用这套理论与方法说服多国国君了！"从此，苏秦保持着"锥刺股"的坚韧意志，用生平所学周游六国。最终，苏秦获得重用，挂六国相印，声名远扬，开拓了成功的人生格局。

没有坚韧精神的人，力所能及的事都难以完成，更别提做大事了。只要我们能受常人不能受之辱，忍常人不能忍之痛，吃常人不能吃之苦，长此以往，我们定能为常人不能为之事。这些需要我们为自己设定一个看得见的希望，靠着这个希望让自身持之以恒的坚持下去，千万不要浪费了这大好的美丽时光。

第三节 美好不在别处，在于你的心

　　柯布兰是美国哈佛大学的著名教授。他喜欢居住在两间又小又破的屋子里，位于学校一栋高楼的最顶层。校方曾多次请他住进符合其身份的高档住宅去，但是他坚决不肯。他说："我爱住在这里，这里是楼的最高层，在这儿，我的头上只有上帝，虽然他很忙碌，但是他很安静。"

　　假如你想让一个人快乐，不要去给他增加财富，而是要去减少他的欲望。伊壁鸠鲁是希腊享乐主义的哲学大师，他主张快乐是人生的最大目的，当然放荡的快乐和肉体的纵欲并不包含其中，而是指不痛苦身体与不纷扰灵魂的快乐。伊壁鸠鲁为了实践此学说，终日只吃少许干面包，遇到节日时才会加上一点儿乳酪，过着真实的知足常乐的生活。

　　再深一步来说，人生来是一无所有的，如果在世上可以有所收获，那是上帝的恩赐；如果鲜有收获，也不能埋怨他人。

　　一个整日想着如何可以的人问卡内基："有什么办法可以致富呢？"卡

内基说："节俭。"那人继续问："那迄今为止比你更富有的人是谁呢？"卡内基脱口而出："知足的人。"那人追问："人生最大的财富就是知足吗？""最大的财富，是无欲。如果你不能对现有的一切感到满足，那么纵使让你拥有全世界，你也不会幸福的。"此时的卡内基借鉴就了罗马哲学家塞尼迦的名言来回答这个人的疑问。

一个人的痛苦来源于过多的欲望，知足常乐才是最大的财富。

爱莎出生于一个富贵家庭，有一天，她正独自在庭院中玩耍，从外面忽然走进来一个和她年纪相仿的女孩，名字叫玛丽，她衣衫破旧不堪，挎着一个篮子来送奶油与面包。她看着爱莎说："你穿着绫罗绸缎，吃着山珍海味，又不用辛苦干活，可以在家逍遥自在，多么幸福快乐啊！"爱莎说："我哪里有你幸福快乐呢，我虽然衣食住行都很好，但我却不快乐。你如果愿意，我们交换一下生活吧！"于是爱莎和玛丽交换了衣裳，爱莎挎上玛丽的篮子，朝她家走去，玛丽也进入了爱莎家里。玛丽的母亲看到爱莎说："你穿的衣服是我孩子的，可你却并不是我的孩子玛丽。"于是爱莎把事情的来龙去脉详细陈述了一遍。玛丽的母亲，马上写信告知爱莎的母亲快来领回自己的孩子，但爱莎母亲的回信中却说道："既然我们的孩子都觉得自己很受委屈，那就让她们交换看看吧，我会待玛丽像自己的孩子一样，你也要如同对自己孩子般对待爱莎。"爱莎从来没有自己干过活，这下子她要做许多的家务活了，并且吃着简单的饭菜，住着破旧的房子，爱莎只住了一天就哭喊着想要回家了，而玛丽也是如此，刚刚到富人家中，什么都要遵守规矩，不可以出去随意玩耍并弄脏衣服，她很是难过，也想回到自己的家里。第二天两人早餐都还没吃就迫不及待地跑了出去，在路上相遇，换回了自己的衣服，各回各家了。

人常常会不知足，总觉得别人的一切都比自己的要好一些。往往忘记了知足才是人生快乐的源头。

美国人萨得尔·伯克在一次探险中和同伴迷路丢失在了一望无际的沙漠中，他们在浩瀚的沙漠中毫无希望地奔走了 21 天。萨得尔说："在这次的经历中，我所深刻体会到的是，假如你有足够可以喝的清水，有足够可以吃的食物，那就不要再埋怨其他的事了。"

"人家骑马我骑驴，回头看看推车汉，比上不足，比下有余。"这句话是艾迪贴在镜子上每天早晨刮胡子时用来警醒自己的。知足常乐是处置无休止欲望的理性态度。

"为了让内心不断感到幸福，甚至在忧伤悲愁的时候也不变，那就需要知足。"这是俄国作家契诃夫对知足常乐的深刻领悟。

只要我们身心健康，家庭欢乐和谐，就不要再苛求什么荣华富贵，权势名利了，虚荣的一切都不重要。保持知足常乐的良好心态，才是人生赢家该有的风范！

第四节　让过去的成为过去

寻案问典

　　约翰·伯特兰·格登，自幼热爱生物，但 15 岁在伊顿公学读书期间他的生物课成绩却是全校 250 个男同学中最差的，而是其他的理科成绩也被远远地甩在后面。后来，他就读于牛津大学古典文学专业，数次申请转入生物系，都因为薄弱的生物基础被老师无情地拒绝了，就连一直支持他的母亲也不想让他再换专业。然而，约翰·伯特兰·格登并没有因此自暴自弃，他依旧沉浸在对自己钟爱的生物学的研究中。64 年之后，他凭借在细胞核移植和克隆方面的先驱性研究获得了"诺贝尔生理学奖"，这个曾被老师认定在生物方面无法取得任何进展的学生，最终成为了公认的这一时代最聪明的人之一。

　　当一个人遇到了这种情形：有些事在他看来会 100% 的发生，但内心却不希望让它们发生，而有些事是他所渴望发生的，可却又永远不会发生，这种状况正是所谓的"自暴自弃"。

在现实生活中，不乏一些因一时糊涂而犯下错误的人，众人用特殊而复杂的眼光看待他们，于是他们长此以往得不到正确的指导，慢慢失去了信心，自卑起来，同时自暴自弃认为自己无可救药了，最终，这成了他们人生的节奏。

有一所居于新泽西州市郊小镇上的学校，这里有一个由26个孩子构成的特殊班级，班级处于一间光线相当黑暗的教室里，在教学楼最里面。这儿的26个孩子，每个人的经历都让人惆怅而伤感，他们有着不光彩的过去：有些吸食过毒品；有些待过管教所；更让人惊讶的是有个一年之内堕过3次胎的小女孩。对于这些特殊的孩子，父母们无计可施，同样束手无策的老师和学校也放弃了他们。

就在这种状况下，新学年的第一天，"菲拉"担任了这个班的新辅导老师，她的做法和先前的所有老师都不同，并没有把这些孩子们严厉的训斥一顿，给他们一个下马威，而是给大家出了一道题：

有这样3个候选人：

第一个：执着的崇奉巫医，有两个情人，瘸着一条腿，多年来嗜酒如命并有着抽烟的习惯；

第二个：每次起床都已是正午，每晚都要喝大约1公升的白兰地，曾经多次从办公室被赶了出来，另外，还吸食过鸦片；

第三个：从年轻起从未做过违法乱纪的事情，因曾在国家战斗中有过重要贡献而成为了英雄，他挚爱艺术，一直保持食素的习惯，偶尔喝点儿酒但并不迷恋。

菲拉接着说道：

如果说，刚才的3人中，有一位会成为受人敬仰的伟人，尝试猜想一下他会是哪一位？他们3个人将来的命运分别会是什么样子呢？

对于第一个问题，第三个人成了孩子们的选择，没有任何分歧；而第二个问题大家也有着一致的推论：第一、第二个人未来的命运不是变成罪犯，就是变成累赘需要社会照顾。而第三个人毫无疑问会成为社会的卓越精英，品德高尚，受人爱戴。

但是菲拉却给出了出乎所有人意料的答案。"孩子们，你们的答案让我很遗憾，这个结论只符合一般的推理，事实上，你们的答案都不是正确的。其实这3个人都是你们所熟悉的，他们是二战时期叱咤风云的人物：第一位是身残志坚，连任四届美国总统的富兰克林·罗斯福；第二位是英国历史上威名远扬的首相温斯顿·丘吉尔；第三位也是大家都知晓的人物，千万条无辜的生命被他剥夺，这就是法西斯领导人物阿道夫·希特勒。"听完了这一番话，26个孩子傻傻地看着菲拉，这不可思议，事实让他们呆住了。

菲拉又继续说道"孩子们，你们才刚刚开启自己的人生历程，过去已经逝去，它无法代表将来，而能够代表你们一生的是从现在起到将来的所有作为，人无完人，即使伟人也有过过错，所以请道别过去的黑暗与不堪吧！从今天起，认真努力地做好每一件想做的事，那么迎接你们的是一片明亮的天空，你们都将成为对社会有贡献的人才……"

在菲拉的鼓励下，26个孩子的人生轨迹发生了改变。后来，他们有的当了心理咨询师，有的做了威严的法官，还有的做了飞机驾驶员。最值得赞赏的当属罗伯特·哈里森了，当年班里最调皮的一个人，现在却成为了华尔街最年轻的基金经理人。

这些孩子在长大以后曾经这样讲道"在遇到菲拉老师之前，我们也认为自己已不可救药，因为在他人的眼中我们就是这样子的。是菲拉老师让我们醒悟让我们明白：现在和将来把握在我们自己手中，过去并不重要。"

现实生活中，没有永远不会犯错的人，更何况很多成功人士与伟人也有过犯错。过去的过失与污点不能代表人的一生，它只是过去，现在和未来的所作所为才是人生的代表。所以，不要再耿耿于怀你昨天做错了什么，只要把握好自己的此时此刻与未来，你同样可以变成优秀的人。

第六节　尘埃中绽放的渴望

　　特莱艾·特伦恩特，1965 年出生于津巴布韦，仅仅上了一年小学，便辍学在家，特莱艾想要读书，这是她的梦想。她每天总是急不可待地等哥哥放学，然后翻看他的课本，帮助他做功课。老师知道后，曾经尝试让特莱艾重返校园，但最后没能成功。年仅 11 岁的特莱艾就出嫁了。

　　转眼十几年流逝，已身为五个孩子母亲的特莱艾也已 30 多岁，生活依旧很艰苦，即便如此，特莱艾渴望受教育想法从未放弃。就在此时，机遇找上了特莱艾。国际援助组织的一个志愿者团队经过她居住的村庄，特莱艾向志愿者的带头人乔·拉克倾诉说了自己多年的梦想。乔·拉克女士并不认为这是个荒唐的梦想，说道："只要梦想在，你就一定会实现。"

　　合抱之木生于毫末；九层之台起于垒土；千里之行始于足下。

　　从此，特莱艾开始为国际救援组织工作，将赚取的钱积攒下来，作为费用攻读函授课程，最终，被美国俄克拉荷马州立大学录取。

特莱艾家里以及邻居们卖掉牛羊，为她凑了 4000 美元，特莱艾实现了梦想。无论多么的贫穷与艰巨，特莱艾都征服了一切，在 2009 年，她荣获美国西密执安大学哲学博士学位，现在她已经是国际救援组织的项目评估专家。

每个人有权利选择自己的生存方法，有权利选择自己爱好的职业，有权利选择自己生活的地方。但是，出身却是自己永远无法选择的。一些人会降临在富贵之家，而大多数人还是在贫穷之家出生，但出生富贵的人如果不知上进会变得贫穷，出生贫穷的人如果时刻保持着不甘于贫穷落后的心态，不断努力拼搏终究会变得富有摆脱掉贫困。

曾担任美国副总统的威尔逊时常这样说，"我出生于贫穷的家庭里，在我还在摇篮里不知世事时，贫穷的狰狞面目已展露眼前。我知道当我向母亲索取一片面包，她手中却什么也没有是怎样的滋味。我不甘心，不甘心如此贫穷。于是我告诉母亲，长大后我一定会经过自己的奋斗改变现状。"

威尔逊 10 岁便离家当了学徒工，因为母亲没有能力供他上学。那家工厂规定，学徒每年都可享受一个月的学校教育，所以小小的威尔逊很乐意去当学徒工。这一做就是 11 年，他不仅利用这每年一个月的学校教育掌握了基本的文化知识，还获得了一头牛与六只羊的酬劳。

威尔逊在他 21 岁生后的第一个月，带领着一队人马迈入了人烟稀少的大森林采伐那儿的原木。"我现在已经是一个堂堂七尺男儿，可以借助自己的汗水与智慧改变现在的生存处境了！"他这样告诉自己。每天当天边的第一抹阳光还未出现他已起床，一直到夜幕降临星空出现才结束工作。每次回家时都拖着疲惫不堪的步伐走在一条条盘山道上，有时他要求同伴们先走，因为他疲惫到难以支撑，即便如此他每天依然顽强地回到家中。他说，"实在难以形容那种痛苦万分与害怕的感觉，但是，每当想到这样可以改变命运改变贫穷时，顿时就有了继续奋战的力量。"第一个月结束时，他万分欣喜地跑回家告诉母亲他得到了6美元的工资。对于当时的威尔逊一家来说，这是一笔不菲的数目啊！

威尔逊争得了母亲的许可，留下了几美分到书店买了些自己最爱的书籍。随后，又去图书馆办理了借阅证。他迫不及待地畅游在知识的海洋里，把一切业余时间都充分利用了起来，。

冬天降临，山路被大雪封堵，采伐工作被迫停止了。于是他又步行到100公里之外的内笛克学习皮匠手艺，同时利用闲暇时间参加当地的辩论俱乐部。他借着书本上学到的知识，表达着自己对于政治与经济独到的见解。一年以后，威尔逊已经是辩论俱乐部的佼佼者了。后来，经大家举荐，他在州议会发表了反奴隶制度的著名演说，成为了知名民主人士。

12年后，威尔逊成功进入了国会。在国会期间，他依然势不可挡，成为了著名的国会议员。后来，威尔逊又竞选成功，做了美国史上最年轻的副总统。

威尔逊生于一个贫穷的家庭，虽然他的出身是贫穷的，可是他倔强顽强、不屈不挠，有着一颗不甘贫穷的心。正是凭借着这点，他逐步摆脱了贫穷，登上了人生的成功山巅。

第七节　后退一步，海阔天空

明朝金溪人胡九韶，他的家境很是贫穷，一边教儿子读书，一边耕种，这也仅是能解决温饱问题。

每到夜晚时，胡九韶都会在家门口焚香，跪拜天地，感激上苍赐与了他一天的清福。妻子总是笑他说："一日三餐我们都是菜粥，哪里是清福？"胡九韶说："第一我们生于太平盛世，没有霍乱征战。第二我们全家人吃喝不愁，不至于风餐露宿。第三家中没有病人，没有囚犯，难道不该觉得万幸吗？这不正是清福吗？

生活中每个人一开始都追求完美，当无法实现时，就退求其次，最终没有办法就接受渐而喜欢了最后的结果。其实，退一步海阔天空心甘情愿地接受面对，何尝不是一种幸福呢。

某医院心理咨询室走进了一位心事重重的妇人，"我特别烦恼，因为我的儿子。"她说，"他不喜欢上学读书，只爱上网打游戏，数学计算经常错得莫名其妙，功课很差。性格也慢慢变得坏极了，往往你刚说了他一句，便摔门离去，根本听不进去你讲话……现在对于这个孩子我真的不知道该如何面对？"

听完这位身心疲惫的妈妈的陈述，咨询师给了她三道选择题：

第一题：假如您现在即将生产，您最希望您的孩子：a.以后会成长为才子佳人，但是出生时被脐带绕住了脖子，时刻危及孩子的生命；b.长大以后相貌平平，但是生产十分顺利。

第二题：假如您成功生下的孩子成长至10岁，您又将面临两种选择：a.成绩优异，很多孩子都比不上他，但是有一天他会与您走失，永远也找不回来了；b.成绩很差，惹您生气和您顶嘴，但他身体健康，在您身边吃得香睡得香。

第三题：假如您的这个孩子成年了，您又要做出最后的选择：a.孩子学业有成戴上了博士帽，但是却从此不被允许与您见面；b.在一个普普通通的学校毕业，但是却被允许每天与您斗嘴，每天吃您烧的饭菜。

这位妇女皆选择了后者。但是她依然很困惑："为什么你给我的答案不能是一个既聪明健康又乖巧懂事的孩子呢？"

"因为那只是你理想中的完美孩子，并不是你的啊！眼前的这个孩子才是你真正的孩子。"

听闻这些，妇女略有领悟，临走时，她问咨询师下一步该做什么。咨询师布置了一个作业给她：回到家后把儿子的八个优点记录下来，下次一并带来。

第二次来到咨询室，妇女给咨询师的记录上这样写道：他篮球打得很棒；吃饭也从来不挑食；知道帮忙做家务；学习不好但字迹很工整；极少生病……而此时，妇女之前的忧虑不复存在了。

妇女很不解：前后才几天的时间，为何我眼中的儿子全然不同了呢？"因为你现在懂得了让步。退一步海阔天空，退求其次就是这个道理。"咨询师这样对妇人说道。

生活中，利益双方对立往往是产生矛盾的源头。当我们的利益与他人冲突时，应该转换心态多为对方着想一下，相互之间都各退一步。当我们都懂得施以恩德、互谦互让的时候，那么利益上的冲突就会不复存在，大家也会不断给与你更多的机会很乐意去跟你合作。

第八节　行到水穷，坐看云起

　　因"乌台诗案"遭到贬罚的苏东坡，在全家人都替他担心和忧伤时，他却抒写下了《念奴娇·赤壁怀古》等经典诗词，这些诗词意境雄伟，借古抒怀，雄浑苍凉，大气磅礴，以撼魂荡魄的诗词表现了自己未能建功立业的惆怅。苏东坡被贬黄州时没有收入，又陷入"安步以当车，晚食以当肉"的地步，但他却能够放下自己的身份，自己动手，带动着全家大小开垦荒野，播种田地，蓄养家禽，让家人衣食无缺。晚年，苏东坡又被贬到了海南，高吟"他年谁作舆地志，海南万里真吾乡""九死南荒吾不恨，兹游奇绝冠平生"等诗词充分表达了自己被流放却心甘情愿毫无抱怨的心态。尽管被流放至此，他还是一如既往地爱好探友环游、谈禅论佛、挥洒笔墨。

　　"非淡泊无以明志，非宁静无以致远。"是诸葛亮曾经说过的一句话：其中所讲到的淡泊与宁静，就是不过分要求生活中的一些东西，而是知足常乐，安乐享受。尽可能放远自我的目光，把心中杂念都清除掉。只有这样才会乐观开朗，才会积极向上。

虽然已穿梭了千年，历史上的人和事也消失殆尽。然而每当想到这句，我们依然会感到心灵洗涤了般，清澈而透明。想想诸葛孔明当年在草庐之时，一定是常常深思这句话，探索其中的生命真谛。

当年的孔明，躬耕南阳，却心系天下黎明百姓，万物苍生。与清风明月为伴读史，与山泉竹石为友对弈，日观天象，星云变幻，不求功名利禄身份显赫，在碧水蓝天中雄心壮志油然而生，当即将离去卧龙冈时还不忘叮嘱切不可荒废农田，此去若能成就大业，他日定将归来继续享受这世外之乐。

这一去，忠贞不渝，矢志不移，鞠躬尽瘁，死而后已。遗留下来的是流芳百世永垂不朽的精神和"淡泊以明志，宁静以致远。"这句话来警示后人，没有分毫的私财。

能够拥有一份独有的宁静空间，在这复杂繁乱的尘世中，着实是一种特别的享有。抵挡外界的引诱，在自己淡泊宁静的氛围里自在徜徉，沏一杯香浓的清茶，放一段优雅的音乐，让疲倦不堪的身心在这难得的宁静中得到片刻的休息。静静地什么也不做，让思绪在宁静中渐行渐远。人类的欲望永无休止，只有在即将离开尘世的那一刹那，才会倏然领悟到，原来自己还未来得及慢慢享受阳光，感受大自然的玄妙，只因这一生有着太多的欲望以及无法平静的内心。

还有一句话能够表示宁静淡泊的意境——"塞翁失马，焉知非福"。外在的洒脱只是一种表象，内在的淡泊才是难得的境界。让自己努力维持在一种超然脱俗的境界，在这风起云涌波澜不息的日子里，能有这样一片心境是多么来之不易。

淡泊是一种人生态度与心志，一种生活方式。淡泊并不是让你庸碌无为，而是让你富贵不淫，威武不屈，贫贱不移，有所作为，在顺境中不骄傲，在逆境中不放弃妥协，对名利得失不斤斤计较，拿得起放得下，不因此喜乐无常。淡泊应该属于我们的人生。

　　淡泊可情寄于山川河流也可情寄于花草鱼虫。同是落花流水，俯首之间，可落花有意随流水，流水无情恋落花，让生命更加绚丽多彩。

　　淡泊是天人合一后的一种忘我境界，是一种人生的体验以及对世间万物的赞同。人生曲曲折折，无论是在顺风顺水的日子，还是在"屋漏偏逢连夜雨"的凄凉时期，淡然处之是很难做到的，但是淡泊以明志，宁静而致远这才是正确的。淡泊就好似天籁之音，越是自然平静生活将会越动听。

　　淡泊并不是让你公独何人，心如止水。而是为了让大家能够获得一种美丽的真实。真心的盼望多年以后，当我们经过了人生的风吹雨打，时间的绝情鞭策之后，仍然能够不因外物之优和个人之得而喜，也不因外物之劣和个人之失而悲，时刻处于心如止水的境界，无论何时何地都能够有属于自己的宁静淡泊。

　　平淡的生活为我们带来了人生的真味。平淡的幸福为我们留住了真挚与美好。平淡的友情为我们平添了无尽的欢乐。所以，我们应该自始至终的用一颗感恩的心面对生活。

　　如果不想再被生活残忍的逼迫，不想再因任何实物而精疲力竭，那么就去认真领悟淡泊宁静的真理。"行到水穷处，坐看云起时"才是淡泊宁静中该有的和谐与积极心态。淡泊名利需要平静的心态，想要长伴欢乐需要知足的心态，宠辱不惊需要平和的心态，请记住生活淡而愈浓，幸福近而愈远。

第九节　成为出色的配角

　　马克思为了创建理论大厦而殚精竭虑，宵衣旰食，恩格斯帮助马克思提供经济援助，无私又慷慨；马克思擅长创建和完善理论体系，恩格斯则擅长对具体的理论观点进行开掘与梳理；马克思的工作阵地主要在博物馆与图书馆，而恩格斯则更关注现实生活中的商业社会与工人运动。恩格斯认为马克思的才能在自己之上，于是甘当副手，成为一名非常优秀的配角。

　　在一个集体中，所需求的就是和恩格斯一样有能力的配角。不追逐名利，懂得以大局为重，共同享受福乐，一起承担甘苦，经过不懈的努力，让集体利益最大化。如果上天赋予了配角的使命却不情愿待在配角位置，那么就会出现一种越位现象，让自己成为了集体中的边缘人，这样不仅集体难以成功，而且还会构成更大的失败。

　　正如一部优秀的影视作品能够获取成功，不仅是因为有大牌明星的倾情演出，更多的是因为有着那些有能力的配角的默默奉献。如果配角不与主角默契配合，就不会有主角那生动而突出的形象，所以说，一部优秀的作品，没有了配角就没有了精彩的剧情。

人生也大抵如此，许许多多的成功人士，之所以如此出色都是因为有了衬托的配角们。当我们为成功者欢呼呐喊的时候，更应该为那些无私奉献的配角们鼓掌欢呼。无论是在影视作品还是我们日常生活中，都有着许多的配角，他们甘心作为绿叶成全他人。事实上人生就是一场戏，有着主角和配角，而在生活中你被赐予的角色不一定都是主角，有些时候还会是配角。例如初入社会职场的新人，当你步入职场的时候，就要有做好配角的心理准备，这是初入职场该有的谦虚态度。我们的世界绚丽多彩，只有做好配角，甘当绿叶，把红花映衬得更加鲜红多姿，才有机会成为主角。否则没了绿叶的衬托，鲜花终将会失去光鲜。

日新月异的今天，随着越来越激烈的市场竞争，企业为了追求更高的工作效率，更加注重集体的重要性，团队协作的精神。特别是当遇到重大项目时，只想用一己之力获取成功可以说是非常困难。想必大家都能够感觉到，孤军奋战的时代已然逝去，团队合作不是制胜法宝。

我们每个人在团队中既是主角也是配甬，既是红花也是绿叶。在一个集体的协作中，只有当好了绿叶配角，才能成就红花取得成功。要明白，不是每个人生来就能承担起主角的重任的。

在上大学时，同学们组建了一支以班长为核心的 5 人篮球队。在一场对抗比赛中，有一名队员自认为篮球打的比别人都棒，于是自主摆脱了配角的位置，在比赛中，不断抢夺他人位置争夺话语权，引起了整支球队的一片混杂，最后让对方有机可乘，轻松得到了冠军。这充分说明，一个团体中，所有人都应该在自己的岗位上恪尽职守，是什么角色就行使什么职能，无论大小，如果抢占了他人的行使权利，结局只会是一败涂地。

配角在一个集体协作中，有着贯穿上下，起到连接纽带的作用。它是主角的得力助手，是主角成功的推送者。成功的配角同样能够吸引住人们的目光，为整个团队带来别样的的精彩。

主配角只是有着不同的分工，并没有富贵贫贱的区别，每个角色只要摆正好自己的位置上，同样能在该位置散发光彩。就算仅是配角，依旧有才能得以施展，就如一位名家说的：配角同样精彩。

在职场中，一定要适时转换自己主配角的定位，然后整理好心态向前。面对瞬息万变的职场，这一刻你还是主角，下一秒有可能就成为了配角。主角与配角的身份会因为事态的不同而随时变化。所以一定要在职场中有良好的心态。既应该有主角的才能，又应该有配角的心理素质。

一名刚刚毕业的博士生被分配到一家公司，他的学历在公司里是最高的，但是刚来此地的他并没有向同事们声明他是博士生，只是说自己是一名本科生。因而并没有因学历差距而与大家产生隔阂。日后的工作当中，他没有斤斤计较，而是当起绿叶，心存壮志，在团队中充分施展着自己的才能，把认真做好自己分内的事，尽可能帮助他人成功，当作是自己的责任。最后他得到了公司全体同仁的欣赏与赞美，逐步踏上了主角的位置，赢得了成功。

对于职场新人，充分做好配角显得尤为重要。新手学会了甘当绿叶，就可以在努力中不断地完善自我，在此过程中自己的处世技巧与知识，为今后的发展打下基础；老手学会了甘当绿叶，就可以给新人磨练的机会，同时又能让自己放松身心得到充分的休息，这样一来也能获得他人的尊重。所以甘做配角，无论对谁都是有益无害的。要想职场生涯充满光彩，就要甘心做好配角。

无论一个团队多么的优秀，都会有主次之分。如果全都是主角，一个团队就没有了执行者，成员们都自认为是操纵者，只有自我，团队没有了协作力，最终只会失败。

俗语讲得好，"外行看热闹，内行看门道"，同样是观看一场排球比赛，外行人时常是把所有的激情都倾泻在决定胜负的的攻球手身上。而真正懂得欣赏的内行人，却会把呐喊声与掌声同样分送给球场的灵魂——二传手。

孙晋芳就是世界最佳二传手之一的灵魂人物。她虽然只是排球场上的配角，但是如若没有她，或许就不会有"铁榔头"郎平淋漓尽致发挥了；如若没有她，或许这个团队就不会有如此和谐的阵形；如若没有她，或许整个团队就无法拿到向往已久的奖杯了。

由此可知，好的配角在一个团队中的重要性能。鲜花开得再艳丽绚目，也需要绿叶作为陪衬。如若配角并不重要，国际各大影视节上为什么还会有"最佳配角奖"呢？配角的重要性由此更加凸显。

主角会不会成功，取决于配角的帮助。就如 NBA 中的艾弗森·詹姆斯被称为超级后卫，还有吉格斯是威尔士国脚。他们虽可以一己之力敌战多人，个人能力非常突出，但是因为他们所处的是集体项目，不能单打独斗，所以，他们融入团队率领大家在各场比赛中取得胜利，这些成功离不开配角支持。这也同样证明了配角的巨大作用。

没有了配角，主角就会难以成功。就如同在战场上，如果士兵们都不冲锋陷阵，光有指挥有方的将领，何来的胜利可言？这就是配角的作用。因此，所有的主角还是需要配角的陪衬与协助，而一个成功的配角，即使只是一片绿叶依旧能活出精彩。

第十节　追随生活中每一场美丽

　　有一天，柏拉图问苏格拉底，生活是什么？

　　苏格拉底让他去树林里走一趟，摘一朵最美的花，柏拉图充满信心地出发了。可是过了三天，他都没有回来。老师苏格拉底只好去树林里面找他，最后他发现，柏拉图已经在树林里面安营扎寨，住了下来。苏格拉底问他："你找到最美的花了吗？"柏拉图指着旁边的一朵花回答说："这朵就是树林里最美的。"苏格拉底问道："为什么你不把它带出去呢？"柏拉图说："如果我把它摘下来，过不了多久它就会枯萎的，而如果我不摘它，早晚有一天它也会枯萎，但是如果我在它还在盛放的时候，守在它的身边，等到它枯萎了，再去寻找下一朵，就能一直遇到最美的花了。老师，您看，这是我找到的第二朵最美的花。"

　　听了他的话，苏格拉底说："你已经发现了生活的真谛。"

梭罗曾经说过："如果没有出生在这个世界上，我就听不到脚踩在雪上，那美妙的吱吱声，闻不到木材燃烧时缭绕不散的香气，看不见人们眼中散发的爱的光芒，更不可能享受到自己因为努力而获得的成功的快乐……能够生活在这个世间是多么的幸福啊！为何我们不尽情地享受生活中的每一场美丽呢？"

享受原本就是人生中的一种特殊的体验，但是在这个日渐喧嚣的现实世界，人们却越来越背离享受美丽的本质。有的人拿得起，放不下，认为占有就是享受，为了追求享受而享受，他们打着享受的旗号，独占物质，独占自然，独占虚荣，所有的美好都想去独占，不加任何思考地将坏的一面留给他人。于是，很多人为追名逐利而心无旁骛，目不斜视，抛弃内心的真诚与美好；为了金钱丧失自尊与廉耻，在得到权力的时候也失去了亲情与友情，而那些没有得到的人又会捶胸顿足：上天对我太不公平，人活着就是一场痛苦地煎熬。

为什么人们总是发现不了生活的真谛呢？

因为我们在追寻美的过程中早已偏离了航道，我们变得不再从容不迫，放弃了人类与生俱来的天赋：真诚和友好，于是，变得自私又冷漠，不再关心他人，每个人都习惯戴上一副假面具，看到别人身上的永远是缺点和虚伪。我们夸大了风雨的寒冷，夸张了敌人的强大，看到的前途永远渺茫，同类都是那么丑陋，而得失又变得格外放不下……于是，越来越多人心浮气躁，渴望一夜成名或者一夜暴富，喜欢什么更注重形式而非其内涵，做事更注重结果而非过程；一点点打击就一蹶不振，鸟语花香都不能使其开心。

事实上，我们每个人都很富有，生来就拥有很多财产。我们拥有生命，拥有健康，拥有阳光、雨露和空气，拥有大自然，拥有大量的知识和智慧，思想与观念；事业、爱情和家庭；还有快乐的生活，难道这些还不够富有吗？

因此，我们应该努力享受生活，享受炎热，享受清凉，享受温暖与寒冷；享受空间、时间和四季变化；不仅享受平静与休闲，同样享受繁忙和紧张；享受活力与青春，同样享受衰老和迟钝；缘起时享受欢聚与相爱，缘灭时享受别离与失落；酸甜苦辣、悲欢离合、顺境逆境都应该去享受；富有和贫穷，物质和精神同样值得享受……我们完全有理由去快乐，往往造成我们不快乐的原因不在别人身上，而在我们本身，因为，快乐是自己的感觉，别人无法控制和决定。享受痛苦也是一种享受生活，当我们享受痛苦的时候，就有了随时直面伤害的准备，因此，品味痛苦，享受挫折是不可避免的。当痛苦扑面而来的时候，逃避无法解决任何问题，与其逃避，还不如回过头细数痛苦，也许某一天一觉醒来，自己已经从痛苦中走了出来。这种感觉就像习惯喝一杯苦咖啡，日子久了，便爱上了舌尖残留的那种甘甜。

有个教徒来到天堂，遇见上帝，问："天堂在哪里？"

上帝回答说："就在这里。"

教徒无法理解："这里？为何我没有感觉到自己身处天堂？"

上帝说："心中有天堂，何处不天堂？如果你心中没有天堂，就算你已经置身此境，也会视而不见的。"

享受生活中的美，是一种感知生活的过程，生活中的春华秋实、云卷云舒都值得去享受。一缕阳光、一叶秋意、一声问候、一江春水，生活中的每一场美都值得陶醉。

享受生活需要的是一种心境，平静看待时光的流逝，平静细数人生的坎坷，这些都是生活的意义，是生活的意境，无关金钱和权势，无关物质和名利，而是用一颗无华的平常心，领悟生命中每一场风和日丽和风雨兼程。

生活，既有苦楚也有甜蜜，甜有甜的美妙，苦也有苦的滋味儿，享受生活，便要坦然地面对这些苦涩，便要淡然地历经喜悦，懂得享受生活，才可能以平和的心态，真诚地面对这个世界，享受生活中的美与丑、苦与乐，富贵与贫瘠。

　　在这个快节奏的现代生活中，城市中钢铁水泥有如牢笼，将曾经其乐融融的邻里关系切割的破碎不堪，即使同住一栋楼对门的关系，都有可能几年不相识甚至老死不相往来。罗凤纨的小小说《邻居》描述的就是这样的现实："我"和母亲搬到一所高档社区一楼，每天都因为邻居家早出晚归上学的孩子波波的玩闹声吵得十分心烦。但是母亲却没有我的这种想法，她总是微笑地和波波打招呼，会给放学的波波开门留灯，和孩子建立了良好的人际关系。也正是因为母亲的善意，在"我"出差，母亲犯病之时，波波和邻居及时发现了处于危险之中的母亲，一起把她送往医院并且帮忙垫付了医药费，抢救了母亲的性命。而"我"也因为这件事深受教育，等母亲出院以后，特地制作了一种联系卡，把邻居们的姓名和联系方式写在卡上挨家分发，"远亲不如近邻，近邻便是兄弟姐妹，望大家常来常往"一句温暖人心的话，带来的却是一种健康而积极的人际关系。

　　这本是一段再寻常不过的邻里故事，放在当今世风日下，人情淡漠的社会中，就显得格外温暖有力。

　　人的一生大多与庸碌相伴，不是每个人都有机会遇见一场又一场惊心动魄的美，然而生活中的真善美却是无处不在的，现代人的心之所以变得越来越坚硬冷漠，正是因为缺失了发现生活中的美，享受美的生活的能力和眼光。

　　有位德国哲学家曾近说过："在生活中，美是一种没有目的的快乐。欣赏美，是一件简单的事，只要放下世俗和偏见，就能感受到一种前所未有的美，因为美，一直藏在人们心中。"

其实，庸碌的生活中也无处不存在美，如果我们用欣赏的眼光去了解，去感受，美便随处可见。城市的清洁工就是生活中的一场美景。每天清晨，天还蒙蒙亮，伴随着刷刷的扫地声，城市在沉睡中苏醒，不管春夏秋天，刮风下雨，他们和时钟一样，准时出现在城市的每一处角落，干着最脏最累的活儿，将这个城市梳洗的干干净净，日复一日，年复一年……

古人云："青青翠竹，皆是法身；郁郁黄花，无非般若。"只要用心发现，生活中处处有美。

若把生活比作汪洋大海，人是海上漂浮的一叶扁舟，那么切不可随波逐流，上帝赋予你一双桨，是要你用它扬帆远航，不管生活如何变迁，也不能因悲伤而消沉。如此一来，你便会发现，生活是那么美妙：清晨，当你打开窗户，看到晴朗的天空，有没有想过自己就如初生的太阳，和天边的那轮明日试比光辉呢？即便外面阴天下雨，也依然能够静下心来欣赏呢？脸上爬满皱纹，头发花白，有没有想过，笑容能够染黑鬓角的白发，只要心不老，人永远不会老呢？胡子花了，背驼了，又有没有对自己说过，只要能够看到夕阳，就一定会看到朝晖，灿烂的阳光还会远吗？

如果能够这样生活，便能感受到生活的快乐，感悟生命之美。学会享受生活，生活就值得享受：碧绿的小草值得你对它微笑；广阔的田野值得你放声高歌；天边的彩虹值得你赞美歌颂；朋友的一声问候值得你用心铭记；陌生人的微笑值得你报以相同的友善。生活中处处值得享受，为何要因金钱和利益而泯灭了人与生俱来的感激与真诚呢？

当有人微笑着和你说"你好"时，你感觉幸福吗？有没有好好珍惜，好好享受这份问候呢？当你对别人报以微笑说一句"你好"，对方对你展露欢颜时，有没有感觉到一种生而为人的喜悦与幸运呢？有没有感谢命运呢？这样做吧，这是快乐的源泉，是知足的化身。

生活值得我们每一个人享受，只有你用心去发现，去感受，就会发现，生活在这场生活中本身就是一次享受，当你用心去享受生活中的每一场美，就会发现自己早已置身于美中，生活得十分快乐。

第十一节　在快节奏中慢下来

　　有两个年满70岁的老太太，他们生活方式很不一样，一个做什么都是风风火火，另一个总是什么都慢慢来。做事求快的那个老太太觉得自己活到这个年纪也算是到了人生尽头了，于是开始准备料理自己的后事；而另一位慢吞吞的老太太认为年龄并不决定什么，自己还有很多事没有去做。于是，在她70高龄之际她开始学登山，其中几座在世界上还挺有名，之后，她以95岁高龄登上了日本富士山，打破了攀登此山最高年龄的记录。她就是众所周知的胡达·克鲁斯。

　　在70岁学习登山这本身就是一件了不起的事，这项奇迹是人创造出来的，是"慢慢"的生活态度创造出来的。"情深不寿，强极则辱。谦谦君子，温润如玉。"成功人士的成功秘诀，很多时候并不是越快越好，而是如何慢下来。胡达·克鲁斯老太太的壮举正是印证了这一观点。

　　在世界范围内，很多国家都在掀起一场积极抵制当"时间奴隶"的运动，号召人们将自己的生活节奏变慢，把生活变得更加人性化。倡导这一理念的主要人群就是哲学家与心脏学家，他们告戒人们，不要成为疲于奔命的小老鼠。

现代人每天生活在各种繁杂事物的催促中，忙碌地无暇顾及这忙碌背后的意义是什么。因为生活节奏很快，古人悠闲的吟游仿佛早已远去，从前浪漫的故事也无法滋养现代人枯燥的生活，这样的现实批判随处可见。

每天从清晨睁开双眼开始劳作到深夜闭上眼睛，就像海德格尔描述的那样"沉沦于操劳于操持之中"，就连发会儿呆，出个神都成了一种奢侈，难怪米兰·昆德拉发出这样的感慨："慢的乐趣怎么看不见了？古时候闲荡的那群人都去了哪里？民歌小调中那些游手好闲的英雄，那些在各地磨坊间游荡，在露天中过夜的流浪汉，现在都去了哪里？他们和乡间小道、森林、草原一起失踪了吗？"

很多人抱怨，想要自己慢下来真的很困难，真的是这样吗？

一只小老鼠拼命地奔跑在路上，乌鸦路过，不解地问它：："小老鼠，为什么你跑得这么着急？停下歇歇吧！"

"不行，我不可以停下来，我必须尽快看看这条路的尽头是什么样子。"小老鼠回答道，头也不回地跑远了。又过了一会儿，他遇见一只小乌龟，乌龟问："你跑这么急做什么，停下来晒会儿太阳吧，这太阳多暖啊！"小老鼠依然回答："不行，我着急去看看路的尽头是什么样子。"

一路上，劝它的有很多，但是小老鼠从来都没有停下过脚步，一心想要到终点。直到某一天，它猛地撞上了路尽头的的一棵大树桩才停下来。

"原来路的尽头只有一棵树桩！"小老鼠感慨道。更让它懊悔的是，此时的它早已年迈："要是早知道看到的是这个，就应该好好享受那些沿途的美景，该多好啊⋯⋯"

在生活里，早已习惯了职场快节奏的都市白领们，为了不迟到，脚步匆匆；为了赶时间，吃着快餐，狼吞虎咽；为了不错过客户与老板的召唤，手机 24 小时待命；为了能够得到提升，参加速成班急速"充电"；为了工作，早已忘记了儿女情长，诗和远方⋯⋯

可是他们冲到路的尽头，发现的都是什么呢？

2006 年 1 月 21 日，上海中发电气有限公司董事长南民因罹患急性脑血栓经抢救无效死亡，年仅 37 岁。

在浙商这个富豪遍地的圈子中，南民也算得上出名的：2005 年胡润富豪榜排名 351，身价大约有 5 亿元。"他事业有成，本来应该是坐享事业丰硕成果的生活，却没有机会再品尝这胜利的美酒了。"浙江商会秘书长陈康汉无比惋惜地说，南民是在王均瑶之后又一个因为"过劳死"的温州企业家。

这不正是上则寓言中那只疲于奔命的小老鼠的缩影吗？约翰·列侬曾经说过："当我们正在因为生活而疲于奔命时，生活早已离我们远去。"

没完没了的快节奏生活不仅让执着的追梦者获得了丰厚的物质生活，还给他们带来了精神的疲惫、内心的焦灼与健康的缺失、职业的枯竭，这些人和"疲于奔命的小老鼠"一样，和时间赛跑之后最终发现，那些"快"早已让自己迷失了生活的方向，和健康幸福越跑越远，于是，一种和之前完全不一样的生活方式在他们中间流行起来：弃快从慢。

何为慢生活？

慢生活是相较于现实社会中急急匆匆、乱糟糟的快节奏生活来说的另外一种生活方式，1989 年出现于意大利，之后风靡全球。这里所说的"慢"，并不是指速度的快慢，而是一种心境，一种回归自然，让内心轻松和谐的方式。

从健康角度来讲，古代医学之父希波克拉底早已指明："阳光、空气、水和运动，是生命和健康的源泉。"他一针见血地说明健康的核心就是顺应自然，贴近自然。

怎样才算是顺应自然呢？简单来讲，就是符合日月的运行，生命的运动，四季的变化规律。一天 24 小时，工作、睡眠和生活均应占 8 小时，不可以偏颇。一旦偏离了这种生命最根本的规律，就必然是要健康来弥补的，每个人都无法免于这种规律。从心态方面讲，"正气存内，邪不可干"，宁静淡泊，和谐致序。。慢生活并不是让你行为散漫，生活懒惰，而是一种自在与从容。

作个形象的比喻：心脏的工作，很有科学规律，有忙有闲；蜜蜂的生活，劳逸结合，享受生活。心脏设计精妙，耗能低，比任何一种高科技都神奇，它是节能最好的体现，是慢生活的典范。再来看蜜蜂，这简直是一种神奇的生物，自然进化了 2 亿年，与它同一时代的恐龙早已灭绝，蜜蜂却人丁兴旺，家族庞大，每日蓝天白云，清风徐来，与百花翩翩起舞。蜜蜂从来都不加班，生活规律而有序，用自己的智慧和勤劳使普通的花粉和花蜜变成高科技含量的蜂蜜与蜂王浆，创造了高出几十倍的科技含量。再来看蚂蚁，早出晚归，加班加点，风里来雨里去也只不过是机械搬运，累的半死却效率很低。

有人认为，忙碌的工作才能出成绩，其实不然。85 岁高龄的金庸老先生依然精神矍铄，从容潇洒，他说："我是个慢性子，做什么都不着急，最后也都做得不错，乐观豁达，颐养天年。"金庸老先生学识非常渊博，著作等身，但他从来不向往奢华的生活，总希望过"且自逍遥没人管"的日子，他饮食清淡简单，，衣着自然简朴。他说："人要学会张弛有度。武打小说里面的大侠打一会儿就得吃饭，或者去谈情说爱，不能总是处于精神紧张之中，要和《如歌的行板》的韵律一样，有快有慢，这样才能有益于健康。"慢性子的金庸先生依然做出很好的成绩，为了赞赏他的杰出贡献，2001年国际天文学联合会合会将一颗小行星命名为"金庸星"。

富兰克林的"时间就是金钱，时间就是生命"依然还是很多中国人的座右铭。虽然对大部分中国人来说，"慢生活"的现实条件还不具备，但是"慢生活"的价值理念却可以贯彻进大家的工作、学习和生活中。你无法实现"慢生活"，但是可以实现慢心态、慢节奏、慢速度和慢饮食。

而事实上，在"慢生活"理念的逐步影响下，很多公司都已经开始明白"欲速则不达"的道理，比较有名的安永管理咨询公司就对员工建议不需要周末上网查收邮件，而日本丰田公司则已经禁止员工将年假推迟到第二年。

要想体验"慢生活"，可以从运动开始。慢式运动可以提高生活的品质，这种表面上看起来是慢速度和慢动作的运动，带来的却是内心本质上加速地舒缓。现如今，不管是生活快节奏的美国，还是享受慵懒的澳洲，一种叫做"每天一万步"的健身方式十分流行，医学研究表明，若一男子每天每天步行1小时以上，他的心脏局部缺血的发病率和那些很少参加运动的人相比为1:4。

接着，要学会"慢饮食"。细嚼慢咽能够增加唾液的分泌量，唾液中的蛋白质进入胃中，能够发生反应，产生一种蛋白膜，对胃起到保护的作用。因此，吃饭习惯细嚼慢咽的人一般不容易得消化道溃疡病，同时，细嚼慢咽还有节食减肥的作用。

一花一世界，一树一菩提。

慢不光是人类幸福生活的基础，更是一种极致的人生境界。慢的最高境界是什么呢？具体而言，即健康、闲适、品味、禅意。

《红楼梦》中开头部分这样描述林黛玉：气质美如兰。和兰花的气质一样美，那是怎样的气质？其实不往后看，单从这一句，就可以看出林黛玉的优雅了。优雅不是靠物质堆砌的，也不是靠漂亮脸蛋，不是在身上挂一堆品牌和时尚，也不是病怏怏，优雅是一种动静结合的流畅而完美的姿态，是错落有致、疏影横斜、暗香浮动，不是在快感的支配之下一味地追求时尚与速度的浮躁和喧哗。

仅仅理解字面意思就可以感受到慢与品味的关系了。品过才知味，没有时间的沉淀，又谈何品味呢？不管眼前的美食多么精致，囫囵吞枣，一口气吃下去，也是无法品尝其中妙味的；不管多么悠扬的曲子，如果无法静下心去听，也不过是一串枯燥吵闹的声响。没有慢慢品的雅兴，眼前所见之物不过是普通的固体物质，看不出任何美感。那么禅意呢？

苏轼的"宠辱不惊，看庭前花开花落。去留无意，望天上云卷云舒"应该是对禅意最佳的解释了。

"禅意"是不需要专门去学的，只需要正常而简单的生活，一步一步地做事，不疾不徐，慢条斯理地谱写生活的美学。这只不过是最简单的入禅境界，不过确实都市生活中最难得的境界。假如没有时间，又如何闲庭散步，看云卷云舒呢？忙得连个短信都没法回复，经常慰藉自己说 发短信多浪费时间，着急的生活一个电话搞定，办事效率高；没有时间与家人团聚的时候，又会如此慰藉自己，和家人在一起什么时候不行，现在就应该争分夺秒地拿下这个项目；没有时间吃午餐的时候，就跑到快餐店买个汉堡，一边啃一边盯着工作；没有时间睡觉，就在出租车和地铁里打打盹儿。就像一个高速旋转的陀螺，只顾着埋头旋转，哪有工夫看看身边的世界，哪有时间享受过程？

慢生活一族追求的是一种自然的、天人合一的生活，追求既能够波西米亚又能够布尔乔亚的 BOBO 品味，罗曼蒂克和拥有闲暇的生活方式，是这些人生活的主旋律。

慢生活一族喜欢强调细嚼慢咽对健康的有益影响，他们十分推崇家中烹调，并认为这种行为能够推动家庭和睦。不仅是饮食方面，慢生活一族亦追求优雅的慢运动，提倡用心去聆听身体的呼唤。常用来修身养性的运动如太极、打坐、冥想、瑜伽、舞剑等都深受他们的喜爱。都市快节奏的生活方式是"慢生活"的头号敌人，然而慢生活一族也能在工作中找到闲适，他们一般喜欢在家里办公。他们还觉得，"细嚼慢咽"的读书方式能够让自己完全沉浸到书籍营造的氛围中，书中的细节可以更全面地发现，慢慢看书不仅增强了读书的效果，并且带来内心的愉悦。许多支持"慢生活"的人认为，即使谈恋爱也应该慢慢来，用时间来享受身体和内心的美好感觉，而不是尽快"直奔主题"。现代人经常用来休闲自己的方式如泡吧、唱K、跳舞等都慢生活一族眼中，都不算休闲。

根据有关传媒的报道，"慢生活"的国际运动已经在全球兴起。支持者数以万计，他们拥有自己独特的方式，不管是工作还是生活都变慢了下来，慢的快感无处不在，即便经济基础不充足，也可以慢慢享受生活的乐趣。

"慢生活"和个人经济情况并没有多大关系，只要内心平静从容并且知足常乐就能成为慢生活一族。如果一直抱着完全实现梦想后再开始休息的想法，那么等来的只有抱憾终身。若是真心珍惜生命，那么从现在开始，放弃小老鼠的行为，在快节奏中慢下来，体验人生最初的幸福。